王亭之飲食正經

王亭之 著

萬里機構

序言

收錄在本書中的文章，大多數是我於上世紀八十年代在香港報紙雜誌發表的文章。香港報紙雜誌多有飲食專頁或飲食專欄，但我的文章則不在這些專頁與專欄內（除了在《經濟日報》以《古譜精品》欄名發表的五十二篇）；因為香港的專欄有一個不成文的規矩，不是專寫「食經」的人，不能佔用飲食欄目，這規矩從何時而有，實在不知，但恐怕跟「飲食公關」有很大關係。因此我寫飲食文章偶然發表在專欄，常常引起一些是非，幸而我在文化界還算有點地位，那些是非不去管他，也就罷了。不過有些牽涉入是非的人卻異常恐懼，例如成為御廚名人的楊貫一，當年給食經寫手群起攻擊，說他的鮑魚不堪食，他便想聘請飲食公關來打圓場，包括請「食家」來試食。現在說出這些事情，實在是想讀者了解文章寫作的背景。

在《經濟日報》寫的算是飲食專欄了，那是因為一位好朋友主編飲食專頁之故，而且專寫古譜，是非即少；不過寫了一年，那朋友被解職，原因是很多食肆拒在《經濟日報》刊登廣告，發廣告的人，正是食肆的公關，所以王亭之的飲食專欄可能亦是禍端。

這些文章其實並非與人作對，只是直話直說，同時說出一些飲食製作的秘奧。我有資格這樣做，實在是因為家庭背景之故。我生長在一個大家庭，家中有許多來自不同家鄉的女眾，因此年紀小小已飽嘗著名菜系的菜式，嘗得最多的是蘇州菜系的菜式，因為我的庶祖母盧太君是蘇州人。那時家中有大廚房與小廚房之分，盧太君有一個小廚房，可以獨立製作蘇州菜式，我是獨孫，盧太君當然疼惜，每頓晚餐幾乎都有蘇州菜吃。母親想學煮蘇州菜，便叫我做間諜，留意她們那道菜的那一種手藝，久而久之，庶祖母發覺了，索性叫母親進她的小廚房，正式教她怎樣製作蘇州菜，我隨伴在側（這樣盧太君才開心，教得特別有心機），知道了一些蘇州菜製作的竅門，所以我在蘇州「吳門人家」吃蘇州菜時，老闆沙奶奶很奇怪，為甚麼這位廣州人這麼懂得蘇州菜。

我曾發表的文章，從來不存底稿，從前只有一家香港出版社曾收集談食的文章，出版了一本《王亭之談食》，此外再無存稿。現在能夠呈獻這本文集給讀者，實在是內地出版編輯蘇毅與思行先生之功，幸虧他們多方搜集，將之分為數輯，電郵給我將文章再作修改，這樣就成為本書的內容與形式，希望讀者喜歡。

我自覺本書堪與《隨園食單》相比，這也許是我的自大，但的確用誠意來寫這些文章，首先是想令讀者識食，能分清甚麼是花巧，甚麼是手藝，這樣就不會受名牌所騙。我曾在內地逗留超過半年，在北京、上海、蘇州、杭州吃過許多食肆，覺得「劣幣驅逐良幣」，老老實實憑手藝製作的食肆，常常給弄花巧的所謂名牌食肆打到無法立足，真的想為他們盡一把力。除此之外，我還想令家庭主婦，能憑本書鑽研出一些名菜的製作方法，可在食料有保證的情形下製作名食，這是我的誠意。

我終生以鑽研佛學為務，也曾經商，也曾公開過不傳之秘的術數，也曾在書畫界露過面；但這些都不是我的專業，談飲食更是副業中的副業，寫飲食文章有打抱不平之意，現在能將舊文結集出版，可說是意外的喜悅。謝謝出版社，謝謝參與成書的朋友，當然更謝謝願意花錢購買這本書的讀者。

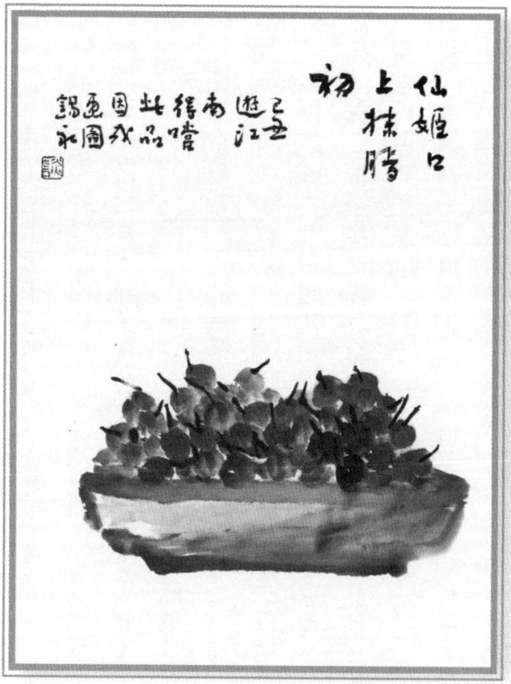

出版緣起

「阿一鮑魚，天下第一」，這八個字已在香港、內地以及世界許多都市流傳。這八個字的來歷，要從七十年代末期説起，當時經濟不景，食肆自然難做。楊貫一先生（即一哥），當時與人合股經營富臨飯店，生意淡薄，可是隔壁的敘香園卻生意不錯，因為此店有幾個小菜都由王亭之設計，許多食客都十分捧場，因此生意立即起死回生，所以一哥想在飯店門外邂逅王亭之。一天，王亭之走過富臨門前去隔壁的敘香園，一哥上前打招呼，請教王亭之如何可使生意轉好，目的是想他也替自己設計幾道小菜。王亭之對一哥説，如果富臨飯店照辦煮碗賣小菜，那只是跟敘香園打對台，情形未必會好，所以他對一哥説，不如你賣貴價的菜式，做鮑魚啦！一哥起初很吃驚，王亭之安慰他，只要一哥依照王亭之所教的方法來研究做鮑魚，保證他半年之內就會扭轉局勢，還答應他，這半年內會去富臨食飯捧場。於是一哥日以繼夜研習煮鮑魚的技巧，王亭之約同韋基舜、潘懷偉（田豐先生）、秀官（羅秀總編輯）三個人，稱為「鮑魚四人組」，每人每星期在富臨請一次客，每次都以鮑魚為主食，觀察阿一製鮑魚有何應改進之處。果然，推出鮑魚菜式幾個月之後有了口碑，許多食客都來捧富臨鮑魚的場，富臨每晚都可以賣幾桌貴價菜，生意好轉了。到了阿一研製鮑魚半年之後，王亭之設宴請客，客人除了鮑魚四人組外，還有金庸、倪匡等名人。飯局結束後他即席揮毫，寫

了「阿一鮑魚，天下第一」八個字贈給一哥，富臨飯店阿一鮑魚從此揚名於香港。後來，一哥便以此鮑魚製作在中國內地及世界各地揚名，富臨飯店阿一鮑魚成為御廚製作。

本人對王亭之的名字認識，一向以來都認為他是一位真正食家，他教過富臨飯店製作爵士湯（起初此湯專供鄧肇堅爵士，後來漸漸推廣成名菜）、杏汁燕窩（當時香港的酒樓只懂做椰汁燕窩）、王亭之糖水等各種美食。八十年代，王亭之受半島酒店之聘為中食顧問，他便在嘉麟樓推出XO醬，以及京酥奶黃月餅，這些食制一直流傳到今日。可以說，寫食經的人很多，但有食制流傳的食家，實應以王亭之為首，所以我很想認識他。

直至二〇〇七年一次緣份，我才認識到這位高人，十分興奮。當時知道老人家全力弘揚佛學，奔波於內地及加拿大，所以無緣跟他詳談。十年之後，他到香港辦事，一哥請他食飯，我幸運地也在席上，當晚在一兩句言語之間，我的名字也記在稍後在多倫多的灌頂名單上。從此之後，自己也很感恩王亭之師父一直以來的教導。

他除了教導我佛學之外，還提到他推廣的食制，於流傳時，製法的竅門逐漸流失，例如月餅已不識做京酥；奶黃餡配錯，又有許多隨意改動；XO醬變成了XO辣醬，不知道這種醬的特式是有辣香而無辣味，他將正確的食制傳給我，同時指導黃隆滔師傅製作。他還說XO醬其實是他當年老家吃麵時的「麵撈」，麵撈有很多種，例如上京考試的人帶同「千里醬」出門，幾個月都可以用來撈麵，所以他又將幾種麵撈的製法教授我，令「六和名醬」面世，六種醬美味不同，目前正一一研製。

師父不愛被稱為甚麼大師，所以他只自稱為飲食愛好者。因為師父有這麼高的飲食知識，我在二〇一八年大膽邀請師父作為富臨飯店的餐飲顧問。當時師父二話不說：「呢一刻開始，就幫富臨飯店做事啦！」這話使我十分感激。第二天，師父更寫了兩幅字給飯店，一、「王亭之傳授富臨鮑魚」，二、「富臨鮑魚，稱霸天下」，這兩幅字開拓了富臨飯店發展空間。

年前在討論出版《阿一師徒與鮑魚》時，本人送了一本內地出版的《王亭之談食》給萬里機構助理總編輯，他翻閱數頁後，說此類談飲食的內容現幾乎絕跡，故問師父可否加以修訂，出版繁體字版，師父同意，更賜名《飲食正經》，表示書中所說的，絕非走宣傳路線的歪道。

小徒 邱威廉

＊王亭之師父與邱威廉合攝。

目錄

第叁章 煮食記事

第肆章 回憶的味道

第五章 懷古飲食

第陸章 飲食文化

第壹章

與當臨結緣

一隻鮑魚一民傑
一個阿一一黃滔
一間富臨作推廣
一班食家食甩鬚

壬寅中秋為阿一師傅書鮑魚一書題詞 王亭之

打響阿一招牌

王亭之催生「阿一鮑魚」，事實亦跟敘香園有關。

阿一經營富臨，就在敘香園隔壁。王亭之總不能每餐吃敘香園，有時順腳就溜入富臨，目的是換口味。論賣座，當時富臨自然不能與敘香園相比，故阿一有時走來求教。王亭之既感其誠，於是為之「度橋」矣。

如果王亭之教阿一燃小菜，那就等於富臨跟敘香園硬碰，此舉非常不智；因此建議不如走另一條路線，專賣靚上湯、靚鮑魚。

港澳兩地的食肆，論上湯，以澳門西南最佳。然而西南阿榮卻亦屬於不肯走宣傳路線那一類人，在食家筆下，西南的聲譽可謂甚差。西南榮甚至連累王亭之，據說有許多人對王亭之不開心，是因為誤會阿榮恃王亭之「照寶」[1]，此種江湖傳聞，未知是否屬實。

無論如何，西南卻生意滔滔如故。港客光顧，要長途電話訂枱，兼且預訂菜式。可知只要湯水好，加上菜式地道，便可以做出字號。

1 「照寶」，廣東土語，拿來當擋箭牌。例如西南阿榮對食家不賣賬，便恃着有王亭之替他們撐場。

阿一如教，首先用足心機及材料煲上湯。那時候，王亭之最喜歡吃他們的高湯河粉，加三兩條火腿絲，三兩條菜薳。因為王亭之窮，進食後又一定不肯不給錢，要試上湯，總不能日日食魚翅，食高湯河粉蓋乃慳荷包之道耳。

然而專注上湯，卻亦因為阿一不似西南擅長扣燉，孤掌難鳴。王亭之靈機一觸，想起昔年王公館烹調的鮑魚，食者皆留口碑，囑阿一用足心機專攻此味。其時潘懷偉四哥亦在座，甚以為然，認為一種專長可以打響一家店子的招牌，阿一聞言，果肯如教矣。

經過半年，潘老四、韋十官（基舜）與王亭之，三人輪流做東，每週付款食鮑魚一頓，終於食到滿意；再食三個月，水準可以保持；有一日，潘老四提議王亭之寫幾個字，鼓勵一下阿一，王亭之一時高興，寫了八個字：「阿一鮑魚，天下第一」。後來阿一變成國際名廚，依然有人對王亭之這八個字不高興，早知如此，當初其實應該叫阿一找公關食家，王亭之可以少了許多是非口舌。

現在，阿一已經交遊廣闊，所以從前彈阿一鮑魚的人，亦忽然舌頭味蕾好轉，變成盛讚阿一，連王亭之在旁邊看見亦飄飄然，可是對於飲食文化云云，蓋亦感慨系之矣。

＊王亭之、一哥及滔哥在富臨飯店合照。

王亭之指點「琉璃芡」

一九八五年，王亭之的最大收獲，是在親自督促之下，逼阿一炮製出「阿一鮑魚」，食者未有不讚好者，阿一得敕，王亭之為之開心。

王亭之有一些飲食方面的心得，但無法發揮，事關王亭婆天生不擅烹飪，而王亭之則連拿菜刀也不懂，英雄無用武之地也。

所以港澳兩地，王亭之均要找大廚，在澳門找得一間，在香港則找得阿一那一間。只可惜阿一那間的小炒仍然未臻上乘境界，不及隔鄰，若於鮑魚之外更有四、五款拿手小菜，香港便應由他獨步。

小炒最要夠鑊氣，阿一隔鄰那間勝在仍然燒煤，火力猛，加上傳菜快，菜上枱時依然燙口，不得不推為首屈一指。阿一那間燒油渣，火力便遜一籌。

然而王亭之有心再助阿一一臂，所以日前又再在鮑魚上用心思，交換條件，是他必須出品幾個好小菜，基礎若好，王亭之便能有所發揮矣。

王亭之建議，鮑魚其實可用「玻璃芡」，代替目前的「蠔油芡」。蠔油雖買至一級貨色，亦未見優異，此事關於製作條件，無法改進，因此「芡頭」往往影響了鮑魚的鮮味。

用「玻璃芡」，則是用高湯打芡，透明澄淨，芡身如玻璃透明，如是則可保持鮑魚的原味也。阿一聞言，馬上入廚親自製作，王亭之與友人同試，認為可謂初步成功，若芡身乾一點，甚至完全不用漿粉，應該會更好。

一物之微，要講究，要花不少心血，所以連「芡頭」都不可人云亦云。

將來阿一可以問顧客：「鮑魚要乜芡，蠔油芡或玻璃芡？」兩款任揀，真招積！

阿一傳藝鮑魚秘笈

回顧乙丑年的最大收獲，王亭之覺得，在於催生了阿一鮑魚。王亭之可以自豪，若無王亭之督促及品評，一定沒有阿一鮑魚這回事。

有人以為阿一鮑魚「發揚中國飲食文化」，未免題目太大，此不過老饕之作耳，老饕重口腹之慾，「文化」尤是其次。阿一鮑魚的貢獻，實際一點，不在於發揚飲食文化，而在替香港造成一股聲勢，在南洋一帶，甚至在台灣，老饕輩皆耳其名，至於曾上北京揚名，則更成為新聞矣。

年初十，王亭之與阿一見面，阿一出示「釣魚台國賓館主事人」來函一件，內云：「曾品嘗楊先生特製鮑魚，可謂三生有幸。先生手藝高超，名揚四方。若能在百忙中抽空來釣魚台國賓館賜教，吾等將不勝感激。」

據悉，此主人乃一司級幹部，來頭不小也。

此「國賓館」乃招待國際猛人之地，不少總統級人馬曾以此作為居停，若阿一能傳藝與該館廚師，則可謂揚名國際矣。

尤其若有日本人吃到自己國家出產的鮑魚，一經中國人炮製，竟有如此風味，定當自以為不及，說不定還會遣日本廚師來跟阿一學藝。

然而世事有一利必有一弊，阿一鮑魚一旦風行，甚至推到北京，倘若各省名廚又上北京釣魚台學藝，則鮑魚的需求量必大，非起價不可。

目前，王亭之吃阿一鮑魚已經因住荷包，再起價，則除非有老友請食，否則連此食制的催生人都無緣品嘗，甚為不公平。

另一弊端，是太益蔭日本的鮑魚商。王亭之對日本人一向耿耿於懷，益蔭了他們，非常之不忿氣。異日有暇，當與阿一研究鮮鮑食制，期諸兩年，老饕可拭目以待。

＊王亭之與「富臨飯店」行政總廚滔哥交流心得。

阿一上京製鮑魚

王亭之當日題：「阿一鮑魚，天下第一」八字給阿一，許多人為之不服。

飲食業中云：「嗟，你以為王亭之話好就得者耶！」那些「千幾元人工萬幾元伙食」的大佬，更肆口放狂言，謂阿一鮑魚靠大煲水來煲，蓋乃有唇無舌之言也。

無奈王亭之金字招牌，兼且飲食必付賬，絕不會「吃人的口軟」，將劣貨推銷給讀者，害人的荷包，所以「阿一鮑魚」終於實至名歸，既揚威於新加坡，現在又居然到北京的人民大會堂。那些凡王亭之讚好就出來彈的鼠輩，不知藏於何處。

你以為王亭之可以輕易為一食物菜餚讚好耶？阿一當初炮製鮑魚，給王亭之罵過許多次，由於王亭之一面罵一面付賬，阿一才肯心服，加以改進，終於吃到王亭之點頭，而且認為他的水準穩定，然後才肯寫八個字鼓勵他。

是故王亭之對於阿一，蓋可謂「諍友」，愛人以德，不作盲目褒貶。若王亭之當日亦學人「萬幾銀伙食」，討好阿一唯恐不及，則今日必無「阿一鮑魚」矣。

然而一藝之成，豈屬容易。阿一在京，京官讚之為發揚中國飲食文化，此言固屬誇大，且屬官樣文章。阿一當日並無發揚飲食文化之雄心，不過捱不住王亭之的批評，痛思改進，誰知卻變成發揚飲食文化矣。

但阿一的毅力苦心，兼夾虛懷若谷，然後才得以一藝成名。所以他今日的成就，乃屬應得的酬報。

阿一走火入魔耶？

有一位飲食業人士，寄給王亭之一份資料，乃有關所謂「全鮑宴」者，價值六萬元一席，王亭之讀後，大吃一驚。

驚甚麼？倒不是驚那六萬元，港台南洋的國人身家甚厚，六、七萬元吃一頓，不愁吃不起。驚的是，「全鮑」亦居然可以成宴，阿一恐怕已經有點走火入魔矣。

鮑魚雖好，但好到極究竟只是鮑魚，怎樣調配亦只是鮑魚之味，不似「全豬」、「全羊」、可以用內臟、用瘦肉、用肥肉，來調配出十款八款口味不同的菜。是則鮑魚豈可單獨成席耶。

看菜單，既已食「雞汁窩麻」每人兩隻，還來一個「阿一網鮑」，每人一隻，七頭，乃巨型之物也；然後還要來一隻二十五頭的「翡翠吉品」，再加上「寶鼎明珠」中的燉海味、炒鮑魚絲、鮑魚粒炒飯，就是消化力極好的人，恐怕亦會吃不消，更何況嘗「窩麻」、「網鮑」、「吉品」三種鮑魚，恐怕吃到四分一隻網鮑，已經食不知味。飲食有文化，如今一味哽鮑魚，文化云乎哉。

阿一鮑魚，乃王亭之所催生，並經王亭之品題，然後阿一才可以去釣魚台國賓館揚威立萬，而往世界各地表演乃相繼而來，阿一乃立刻成為國際名廚。故王亭之甚為珍惜阿一的聲譽，很怕他得意之後，不懂得自我珍重，那便可惜了王亭之的一番心血與期望。

肯吃「全鮑宴」的人，相信絕不會有飲食文化，只是暴發戶之流耳。故縱有人光顧，阿一亦絕不可因此沾沾自喜，王亭之有厚望焉。

王亭之替富臨寫菜單

當年王亭之依家廚製法，教富臨阿一炮製鮑魚，試製成功之後，立刻大賣，並招來一位常客——二叔爵士鄧肇堅；他每週至少來富臨幫襯一次，有時每週兩、三次，席設二樓貴賓房，照例要王亭之同席，一邊吃一邊講天南地北、古今中外的事，但吃久了，他也有怨言。主要有三點：一、扒鮑魚的芡，變化不多；二、永遠是吃翅，每週吃兩、三次便吃到膩；三、單尾的甜品永遠是椰汁燕窩，同樣吃到厭。阿一因此請王亭之設法改良，這樣有了二叔爵士湯應世。

這個湯是先父紹如公喜歡飲的湯，當時廣州很難買到新疆哈密瓜，於哈密瓜當造時，先父命家廚製作此湯宴客，食者無不稱讚。果然，二叔爵士嘗過此湯之後，認為此湯比魚翅還要好味，而且用料相當名貴。

至於煨鮑魚的鮑汁，王亭之曾出過主意讓阿一試製，鄧二叔頗為喜歡，豉油皇乾煎鮑魚，不過這製法很難推廣；因為很難製作，火候不易掌握，同時看起來不夠名貴。他款鮑汁，王亭之叫阿一隨意製作，讓二叔選評，唯一的要點，只是禁用蠔油，除非買到合勝隆的真正鮮蠔油。

至於糖水，王亭之教阿一製作家傳的磨磨乳，這其實是杏汁燉官燕；因為用石磨磨出杏仁，磨出來的杏汁似牛乳，王亭之童年時常吃此品，稱之為磨磨乳，此名深受先父讚賞，從此杏汁官燕有磨磨乳之名。要留意，「乳」字要讀陽平聲，即是「於」音。「磨磨於」，叫起來甚得意。

因為寫二叔爵士的菜單寫成功，王亭之跟富臨飯店再寫一張菜單，此菜單亦居然大賣，許多大字號宴客、開年、做禡都指定要用這張菜單。王亭之曾用此菜單宴客，倪小二倪匡，見到菜單曾有批評，不過上菜品嘗之後立刻收聲，並舉杯向談老大致敬。

今年（二〇一八年）王亭之過生日，富臨飯店的邱威廉攜製作好的鮑魚三十餘隻來賀壽，小孫嘉銘亦來賀壽，他已多年不吃富臨鮑魚，王亭婆於是將這些鮑魚切片給他當口果，邱威廉見祖孫二代歡心，於是乘機勒詐，要王亭之寫兩張菜單，說要拿回香港試製，鮑魚既已吃過，菜單當然不能不寫。

菜單寫成，同時將製作秘訣錄音，並指出一些常犯的錯誤，現在只舉一例，王亭之的XO醬，絕對不是「XO辣椒醬」，當日教嘉麟樓製作時，總廚大B湯鈞庭亦常口誤稱為「XO辣椒醬」，給王亭之罵到不斷陪笑。

現在富臨飯店亦出XO醬，大致上依據王亭之去年到香港時，在富臨吃飯，邊吃邊講的口述，但未十分附合本意；所以現在重新介紹一次，並指出要點，希望富臨飯店能製出王亭之家傳的原味XO醬。此醬在王亭之家傳中名為「阿太麵撈」，是庶祖母盧太君（阿太）的製作。

兩款菜單配合得十分精緻，當年紹如公宴客的菜單，其精華已收入這兩款菜單之中，現在暫不公佈，因為恐怕要遷就廚工，有所改動。

願苦果一生盡熟

第貳章

食事札記

陸羽舊點心單

於鄧芬一本手稿中，夾有三分一頁陸羽茶室的點心單，茲抄錄如下——

煎粉果連湯；雲腿威化蝦；五柳石斑筒；雞蓉煎布甸；鳳城野雞卷；叉燒甘露批；釀豬潤燒賣；鮮牛肉燒賣；紅豆沙湯丸；欖仁藕汁糕；瓜蓉秋芋角；豆糠花生糍；棗泥京笪甫；茶腿牛油夾；山楂果子批；冶蓉雪酥包；層酥雞蛋撻。

想像當年，鄧芬品茗於陸羽，偶然想起數行，便將枱頭的點心單撕下一角，隨撕隨記。卻未想到此點心單會留存下來，又落在好事者王亭之的手上也。

此類點心單，今日視之毫無價值，過幾十年，立即就變成粵點的文獻，所以並非無可記之處。

像上列點心，「煎粉果連湯」乃陸羽的創製，粉果真正煎過，後來婢學夫人者，乃用炸來代替煎，於是乎風味全失。

又如「瓜蓉秋芋角」，乃屬甜品，用冬瓜蓉作餡，與市廛之芋角不同。如今此點心卻連陸羽亦不出品矣。

至於「欖仁藕汁糕」，製作本來不難，無非用藕粉蒸糕，加欖仁，然後切成方件煎之耳，唯陸羽的製作，妙在煎糕的工夫，普通茶樓蒸糕易，煎糕則難，若令女工推一架車出樓面，邊賣邊煎，火候即不易控制，火候不足則不香，火候太過則失去藕糕的清香。

再加「山楂果子批」，陸羽的拿手好戲是埋山楂餡，所以「山楂奶皮卷」亦名噪一時，市面上有人學製山楂餡，但都不得其法，有空時，王亭之要跟陸羽的大廚培請教。

至於「冶蓉雪酥包」，其冶蓉乃陸羽之秘製，香酥冶喉，乃取名為冶蓉；「層酥雞蛋撻」，乃屬陸羽的搶手貨，王亭之不得食已三年，故見到這角舊點心單，不禁饞涎。

關於舊陸羽的「冶蓉」

王亭之談到舊陸羽的點心單，有「冶蓉撻」一品。此文發表後，有一位老點心師傅，過去在「國民」主政，謂王亭之曰：「冶蓉」應是用「桂林錐」做餡。

提到「桂林錐」，目前許多後生仔女應該已經不識。因為記憶所及，王亭之已二十餘年未嘗此味。

「桂林錐」究竟屬於植物學中的何科何目，王亭之不知，但印象之中，卻只是「細種風栗」，又黑又細粒又實淨。

吃「桂林錐」亦與吃栗子相同。它可以炒熟，亦可以煲熟，當然亦可以生吃。論風味不如良鄉栗遠甚。所以二十餘年未嘗此味，亦不以為恨也。

為甚麼「冶蓉」乃刨「桂林錐」作餡，而不索性用栗蓉，王亭之的確不知，拼命回憶此「錐」的風味，亦想不到有任何捨栗用「錐」的理由。據說那位老點心師傅還藏有許多舊陸羽的點心單，在這裏或者可以找出冶蓉的資料。舊陸羽的點心單，因主持點心部的人不同，風格亦有分別，倘如能將主事人的姓名及其特獨風格，連同各期點心單報道，亦不失為研究「廣府點心」之文獻也。

許多點心，以為平平無奇，日常食慣，孰知稍加改進即有不同風味。王亭之近日教師傅昌兩招散手，製蛋撻的餡與蓮蓉包的皮，甚為食客欣賞，而蛋撻與蓮蓉包則是普通到無可再普通的食物耳。

故若於提供資料之時，順便指出其製作竅門，則當更有文獻價值。

「冶蓉」不是「椰蓉」

於談「油酥」時，曾提過從前陸羽茶室的「冶蓉酥餅」，這裏就一談「冶蓉」。許多人不明底細，聞「冶蓉」之名，便誤以為是「椰蓉」，實在二者風馬牛不相及。反而奶黃包的「奶黃」，金沙包的「金沙」，可以說是跟「冶蓉」同族。

冶蓉的製法其實非常簡單，其用料為：蓮蓉半斤，配豬油二兩半、鹹蛋黃五、六隻（視蛋黃大小而定）。

先將鹹蛋黃蒸熟，連鹹蛋黃油一齊倒入大碗，將之壓爛，搓碎成蓉，加入蓮蓉與豬油攪勻，如是即成為「冶蓉」。但須注意，冶蓉中不可混有未成蓉的小粒，否則便不夠滑。所以鹹蛋黃一定要壓至成蓉末為止，與蓮蓉、豬油同搓時，不可太快，太用力，如是即無起粒之弊。

何以稱之為「冶蓉」，據說是因為它甜中帶鹹，十分冶味，行內人一向寫成「冶味」，所以就將它稱為「冶蓉」。

冶蓉酥之所以用油酥，則是因為冶蓉與油酥都用豬油調製，二者味道容易混和；若用甘露酥皮，則因其以牛油為主，怕牛油味與豬油味有所衝突。由此可見，從前的點心老師傅設計之精，非新派者但求取巧與賣相可比。

遺憾的是，今人怕豬油，又怕鹹蛋黃，所以冶蓉酥受到淘汰，實在有損食福。

居然得食豬油包

王亭之週末到中環，午茶於陸羽。赫然發現，點心單中居然有「奶皮豬油包」，為之大喜，立即圈下這款點心。

喜食豬油包，乃童年時的習慣。那時候飲茶，有兩種包必食，一種是「雞球大包」，一種是「豬油包」。記憶中此兩款包皆甚為搶手，蒸籠一出廚房，立即為茶客搶清。

「雞球大包」的好處是可以當飯食；因為那時候上茶樓飲中午茶的人，不會另叫小菜，求其三、兩碟點心充饑就算。一個「雞球大包」可以抵一碗叉燒飯，而美味則過之，自然搶手不堪。

至於「豬油包」之受歡迎，則在於那時候的人講究油水，故此款點心乃甚為適合。講究的「豬油包」，用牛奶蛋白搓皮，糖醃肥豬肉作餡，曩年廣州西關的陸羽居，文德路口的雲來閣皆能精製，入口甘香而滑，尤其是那些糖醃肥豬肉，清甜而不膩，乃一時之妙製也。

那天吃到豬油包，則嫌肥豬肉略少，這或者是適應時代的緣故。現時的人，愈老愈怕死，所以就研究飲食衛生矣。大概香港老年人的心臟多不健全，於是乎便聞「膽固醇」而變色，一律怕油怕肥，其實是怕塞血管。

所以猶敢食豬油包者，除了王亭之，十人之中恐怕沒有三個。陳大炎乃肥佬也，居然敢出此款點心，真乃鳳毛麟角，亦王亭之知己也。

豬油包若加炒欖仁碎作餡，更為香口，不過亦更加犯時人之忌，因為講究飲食衛生者，聞果仁例必變色，除了杏仁，連合桃都不敢食，王亭之認為他們少了許多口福。

前兩年亦有人製過豬油包，改用冬蓉作餡，只加一、兩粒糖醃的肥肉，吃之頗有新意，但卻嫌它太過瘦物，倘能用豬油搓皮則可補救，然而卻失去忌豬油之意。

杭州菜多外省味

談到杭州的飲食，可以說，如今已是「新派」當道，外省菜的口味竟成主流，例如每家菜館都有「廣式蒸魚」，是故杭菜的傳統已漸失，只有幾家「國企」老字號還在撐着「杭菜」的場面。

這情形，恐怕跟杭州已多外來人士有關。杭州人口六百餘萬，此中近半是外來者落籍，此外還有外來者的寄籍百餘萬，無戶籍的外來人則尚不知數，是故所謂「新杭州人」中，土生土長的杭州人已佔少數，難怪各式各樣的外省風味都為杭州飲食業接受。

杭州的傳統菜，精緻者為「西湖醋魚」、「獅子頭」、「叫化雞」，較粗者則為「西湖牛肉羹」，這些菜，本地食家基本上已不點，只餘下「炸響鈴」、「魚頭鍋」還受歡迎，但已不能上有排場的宴席；這情形，可以說是杭州菜的失落。不過從一層次來說，倒很有希望發展出一批「新杭州菜」。

這些尚未定型的新杭州菜，包括廣式的魚翅與鮑魚，唯水準絕對不能跟香港相比。魚翅靠上湯，王亭之在杭州卻未嘗到及格的上湯；鮑魚用非洲鮑，雖名廚亦無所施其技。此唯有期望杭州人飲食口味提高，多點挑剔，才能令廚師改進。他年若能將廣幫菜與傳統杭幫菜結合，是則未必不能創出一新的菜系出來。

飲早茶記

王亭之有一個劣徒，喜歡摸上王公館跟王亭之夜話，此人有一個夷名，王亭之將它譯為「唯佛」，自此之後，他就時不時纏着王亭之談玄。

談到凌晨三時，唯佛就賴死矣，曰：「我八時返工，亭老不如一齊飲早茶何如？」於是話題就得以繼續，一直談到凌晨六時，於是兩師徒乃打點出發。

說真話，有人以為王亭之晝伏夜行，一定不見陽光；殊不知王亭之習慣凌晨六時半上床，十二時半起床，既見晨曦，又見夕陽。只不過由於睡得太早，所以才沒時間飲早茶耳。若一時興起，且有人作伴，就時不時可以一盅兩件矣。

王亭之去的是灣仔修頓球場對面的茶樓，他們的焗盅茶尚有點勁道，只不過茶博士認人，王亭之不是熟客，有時就會給點臉色王亭之看；王亭之理不得他，兩師徒各自看報紙、吃點心，尤其喜歡他們的糯米雞，餡中有汁，頗有舊式粵點的情趣。

偶然有淮山雞紮，王亭之必食，只可惜周不時只賣雞紮，淮山欠奉。

至於腸粉，則嫌其不夠舊式，舊式的腸粉，粉稍厚，食起來有點咬口，現在則一律薄到透明，重賣相而不重食味矣。

凡是舊式茶樓，一定任意搭枱，王亭之對此甚為鍾意。舉凡留位，不准搭枱種種規條，雖然名貴，但卻限制了人際關係的發展。若圍着一張圓桌而坐，識與不識一律搭訕幾句，信不信由你，社會由此就少了幾分戾氣。

然而這家茶樓卻少人玩雀，只多街坊阿叔阿嬸，若與真正的舊式茶樓比較，少了點雀聲，未免美中不足耳。

王亭之計劃三幾年後退休，朝朝行公園飲早茶，然後睡到下午四時，或者有希望變成這家茶樓的常客，屆時便可以指教他們三招兩式，將一些點心製作得更地道也。

雨前龍井炒蝦仁

王亭之與翁大公子同居夷島，彼此很談得來。大公子是清末相國翁同龢的曾孫，頗帶了點先人的遺墨來夷島，於是夷島亦頓時有了中原文化。

他的夫人精廚藝，只是怕王亭之「奄尖」，不敢邀試她的手藝。有一回，王亭之嘆曰：「如斯天氣，最好吃醃篤鮮。」翁大公子脫口應曰：「叫我內人做。」因此她便只好打鴨子上架，硬着頭皮做一頓。

那天的菜還相當不錯，醃篤鮮之外，還有茄汁炒蝦仁、辣椒乾絲、蝦子紅燒烏參、醉雞、水晶乾貝等等，大快朵頤。

飯罷，王亭之心不厭足，曰：「府上的龍井蝦仁，大概失傳矣。」

龍井蝦仁，是翁大學士發明的菜，家廚妙製，甚為有名。以茶葉直接入饌，此蓋為首創也。唯所用者必須「雨前龍井」，雨前者，採自穀雨以前也。若清明以前所採，則為「明前」。此饌在港，唯天香樓有做。

王亭之居夷，常有人送茶葉來。一次，得雨前龍井一罐，佳茗也，唯王亭之不飲龍井，乃吩咐王亭婆用來炒蝦仁，她怕茶葉發不開，一小撮茶葉，用大杯滾水來泡，那就變成茶葉渣炒蝦仁矣。王亭之記得，昔年家廚，每炒蝦仁四兩，只用龍井二分，放在拜神用的茶杯中，泡水八分滿，約一分鐘，茶葉的旗槍初展，便可以用。異日待王亭婆有興趣時，可以再試。倘成績不佳，則交翁大公子的夫人試製。此翁家名菜，後人焉可不克紹箕裘耶。只是夷島無火腿，久缺金華腿蓉，蓋亦一憾事也。

天下第一粵菜館

有人想辦一間「天下第一」的粵菜館，問計於王亭之，因為王亭之是三世祖，稍為識一點飲食之道也。

王亭之曰：「天下第一」有很多種，招積第一、味道第一、食具第一、侍應第一、宣傳第一、冷氣第一……你究竟想辦哪一種？

其人以為王亭之開他的玩笑，拉長塊面曰：「亭老，我講真者也，支持我的財團，來頭很大。」

王亭之答曰：「老拙亦並非開閣下的玩笑，其實要開間冷氣第一的食肆亦不容易，以老拙的經驗，大概遍港九就沒有十間食肆的冷氣及格；世兄凡見有女士要脫外衣者，其冷氣必不合格，若見男士要脫外衣者，其冷氣亦必不及格，過猶不及，很難適中者也。」其人聞言，細思有頃，亦點頭是。

王亭之見孺子可教也。於是繼續教導之曰：「世兄亦不要以為食具第一很容易，老拙去過一些著名的字號，其食具甚至金鑲玉砌者矣，但在食具方面總有兩個缺點：第一，色澤不佳，白不能如『蓮花白』；青不能如『豌豆青』，所以其狀雖雅，久視仍欠雅。第二，不知為甚麼，匙羹總嫌太厚、太重，兩隻手指拈起之時太墜手。」其人聞言思之良久，又點頭稱是。

於是王亭之再訓之曰：「世兄亦萬不可以為宣傳第一很容易。宣傳之道，不在於起哄，而是在於口碑，起哄一陣，引起一些人來幫襯，結果貨不對辦，口碑便壞，不如不起哄為佳；所以凡宣傳必要講真話，交貨真，你看，凡經老拙品題的食品，無不口碑載道，無他，此蓋老拙不輕於品題之故耳。所以如果真想斥重資來搞一間『天下第一粵菜館』，老拙以為先要安好冷氣，然後辦一批好的食具，再然後謀求建立口碑。能此三者，則侍應與廚藝之第一，已在其中矣。」其人諾諾而去。

國宴排場蘇菜宴

在「吳門人家」吃第二頓晚飯，完全國宴排場。晚飯由五時半開始，吃了三個半鐘頭。老闆娘由開席至散席，都站在王亭之背後侍候，親手替王亭之檢菜，十分不好意思。

是晚菜式如下——

冷盤十式：

酥鯽魚（這味菜是王亭之所教，製法特殊）

帶子鹽水蝦（帶子即是帶着蝦子）

白切肉（蝦子秋油作蘸料）

海蜇頭（鬆軟無比，此中有秘訣，先將海蜇與豆腐同煮）

毛豆（似無調味，實有調味）

黃豆芽（釀以火腿絲，炒後冷上）

出骨滷鴨（與潮州滷水鴨不同味，較清爽）

馬蘭頭、青瓜、糖藕

熱菜十式：

蝦球毛豆（河蝦成球不易）

腐乳肉（實際上是加南乳的東坡肉，味甚佳）

鴿鬆夾餅（夾餅鬆軟而有咬口）

黃燜裙邊（完全用水魚裙來燜，裙件厚又大件）

火絲翠衣（火腿絲釀入香芹菜中）

蝦子茭白肉末茄子（一個茄瓜卻可有許多配搭，令人想起《紅樓夢》的食制）

柴把鱖魚（魚肉蒸熟撕成條，與茭白、香菇、火腿絲同紮成柴把型）

冬瓜蒸鴨（冬瓜配鴨則入味）

太極山藥棗泥（這是甜菜，山藥泥用糖、棗泥不用糖）

群絲匯海（是各種魚鮮切絲，煮羹）

點心兩式：

四色蒸糕（米粉蒸糕，味道不同，染成四色）

三絲縐紗小餛飩（即薄皮雲吞，勝在餡靚）

蘇州織造府「宮廷菜」

王亭之居留大陸九個月，在飲食上最大的收穫，是吃到真真正正的蘇州菜宮廷宴。市面上號稱「宮廷宴」者多如牛毛，唯此堪稱正版，不是A貨。

這宮廷宴，是當年蘇州織造府廚師張東官入宮的製作。張東官入宮是在乾隆二十九年，其時乾隆已數度「南巡」，吃慣了蘇州菜。

張東官在御膳房的製作，都留下記錄，一部分僅存其名，名式十分普通，例如「韭菜炒肉」、「葱椒熏肉」，看起來只是平民之食，但如果看另一部分記錄，就會知道，原來平常菜式的製作絕不平常，除了色香味全，還有許多調味的秘訣，還更加上擺碟的花巧。

蘇州「吳門人家」菜館的沙老闆，經四年時間，數度入北京故宮，得故宮經辦人員衷誠合作，又經三年試製，然後才成功恢復「蘇州織造府菜」。今年（二〇〇九）四月廿八日，在故宮設宴，招待貴賓。王亭之本來也在被請之列，然而卻因要事不能赴宴。及至五月，王亭之請他們在蘇州再辦一次，沙老闆欣然答應，並且聲言，這次菜式製作只會比在故宮時好，不會壞，因為用料比較新鮮，人手更加齊整。

當夜席面十分隆重，全部食具皆在江西特別訂製，有御筆「蘇州織造府」題字。王亭之在「吳門人家」吃到的「蘇州織造府菜」，菜單如下，王亭之略加評介。

看盤一式：

錦繡前程（用麵粉及蔬果雕塑而成蘇州景色。這是沙老闆親妹子的傑作。有了這看盤，更有氣派。）

冷盤八式：

蘇式醬鴨（鮮製，醬色橘紅）

如意豆芽

糖醋山藥（山藥切片捲成菊花瓣；有雞湯味）

拌金花菜

香熏鴿蛋（蛋黃有梅蘭菊竹花紋）

梨花菜末

油爆鮮蝦（隻隻蝦有蝦子）

燕筍拌雞（燕筍鮮嫩無比）

熱盤十一式：

金鉢蝦仁

蓮子鴨卷（鴨湯煨味，是故鴨肉香鮮）

箱子豆腐（箱子裏炒菜作餡，難得火候恰到好處）

松子酥雞（雞肉既酥又鮮）

糟香火腿（用糟之法不同閩菜）

蘭花蠶豆

八寶葫蘆鴨（扣燉入味）

太湖三白羹（雞湯清鮮無比）

春筍拌青菜（菜名普通，製作之講究令人咋舌）

葱椒鱖魚卷（每一魚卷上，分砌梅蘭菊竹花款，望之儼然一幅國畫）

燕窩芙蓉羹（必然是雞湯煨，可是雞湯中定然有點竅妙）

點心二式：

縐紗餛飩（廣府人稱為「雲吞」，肉餡有魚味）

中國方糕（名字不好，不似織造府菜，應改名為「太平方糕」）

這菜單的時令感不強，所以沙老闆說，明年要弄四季菜式，特製龍椅給王亭之坐。

「飲食玩星」的「魚湯米線」

「飲食玩星」黎柏林最近又有新搞作，在新旺角搞一家「魚湯米線」，此乃其人泡在杭州兩年之心得。其實構思十分之古老，分別用魚、蝦、雞蓉搓成「米線」，以靚湯作底，再加魚滑、蝦滑、雞滑即成。

王亭之偕老夫人試食，最讚賞的不是「米線」，而是他的「江南豆腐」，味帶微酸，但與裹炸之皮十分調和；另有絲絲香氣，則乃檸檬皮細切，加入炸酥內透出之芬芳，真上品也。此餚可入江南素食譜，與江南絲竹同一風韻，皆蘊藉而無華焉。

魚湯甚鮮，店家發誓，未落半粒味精或雞粉，老夫人信之；因為她對味精、雞粉十分敏感，一食即起反應，今飲盡一碗魚湯而無事，證明十分地道。

但雞湯則麻麻，與魚湯比可謂欠鮮，此必為來料欠佳之故，應該加豬骨來煎湯；如若不然，食客必多取魚而捨雞也。

食罷，老夫人更飲一碗「楊枝甘露」，甘露來，簡直是「芒果糊」，蓋未有「楊枝甘露」有如是之濃郁也。王亭之及老夫人皆盛讚之，鼓勵店家寧願少賺，但切勿以水貨欺客。

食越南春卷想起

王亭之在夷島一家越南小館，吃到他們的炸春卷，評為全島第一，一吃再吃，吃到事頭婆亦出來親自招呼。

越南春卷之弊，每在黏牙。店家以為裹生菜片，加青瓜條，一定爽口；卻不知春卷黏牙，其外若加爽脆之物，更覺黏牙耳。

凡越南春卷，一定用芋泥作餡，芋泥和肉末，成本不重，利錢南北轉個彎還不止；可是製者卻仍不經心如是，實在對不起顧客。

這種春卷，蓋自北方食制脫胎而來。北國盛產柿，於是用柿泥和肉末製成春卷。北人卻稱之為春餅。改柿泥為芋泥，南北物產有異，故宜就地取材。

江浙的春餅最為講究，用時菜的菜蓮，加火腿、粉絲炒，然後捲而炸之，用餡可謂甚精。可是廣府人卻改菜蓮為細豆芽菜，這一改，端的改得高明，芽菜爽口，永無黏牙之弊，自然遠勝柿泥或芋泥。

唯用芽菜亦考工夫，倘芽菜出水，炸出來的春卷便容易軟；所配的肉絲，要炒得爽口亦並非易事，然而從來芽菜炒肉絲即是一味考手菜，此卻與春卷無關。

春卷亦不必一定要炸，若能煎成兩面黃，入口甘脆而韌，則亦佳製也，福建人的春餅即是如此。脆而韌，或以為矛盾，其實絕非，必唯食過的人始知，若耳食，必以為無是事。

王亭之私見，用芽菜者宜煎，用芋泥者宜炸，煎者皮確帶韌，炸者則宜脆而不散。是一春卷之微，製之亦實不易也。若夏日製春卷，芽菜外略加夜香花，品味更勝，而工夫自然更難。

吃蠔

到溫哥華，最大的樂趣是吃生蠔，買蠔的人跟蠔店熟，一買四種，共買十打，王亭之逐款品嘗，吃了一打有餘，若非有人在旁苦勸，其實可吃兩、三打。

這幾種蠔，王亭之只管吃，不管它們的名字，只選出兩種，認為味道最佳。一種夠鮮，一種則咬口好，可稱之為脆。

人家吃蠔要飲酒，中和其寒氣；王亭之則不喝酒，依然飲鐵觀音。吃後腸胃完全無事，蓋王亭之乃屬「熱底」之故。所以王亭之不能飲涼胃的湯水，飲必腸胃不適，而啖日脆酥炸之物，吃多多都無事。此「熱底」於是中和了生蠔的寒氣。

如今貝類食物多污染，三藩市的樽裝蠔多供應中菜館，食後常常有事；但若先將這些蠔製成「金蠔」，然後炮製，則食之可以無事。只是有些中菜館永遠不肯供應金蠔，亦不知是何緣故，因此有時唯有吃「蠔豉」，即是生曬的乾蠔。

名廚呂太今年送來幾打日本蠔豉，王亭之吩咐用來與「金銀膶」一齊蒸，果然好味，於無生蠔可食之時，唯有用之以解饞。蒸蠔豉時一定要加一些酒，用「加飯」最好。在溫哥華吃生蠔時無「加飯」，用「白蘭地」嫌太濃，唯有加「白酒」，風味亦然不俗。

佛山合記盲公餅

盲公餅乃佛山名產，只是如今已愈出愈濫，大陸出品者劣貨居多，即使澳門仿製亦無非中下。吃過真正合記盲公餅的人，不會喜歡現時同名不同實的貨色。

真正的合記，在鶴鳴街，要拐彎抹角才找得到。鋪面相當大，但只有一張木櫃枱，過半地方給一張八仙桌佔據，桌邊八張木櫈，桌面則陳列茶具。有趣的是招牌，黑漆金字寫着「乾乾堂」，長方形，掛在鋪門之右，鋪內才掛着「合記」二字小小招牌。

原來合記的前身真的是乾乾堂，主人是位算命占卦擇日的盲公。所以盲公餅起初並非售賣，乃算命盲公的老婆所製，徘日製一、二百件，用以款待來占卦算命的客人，是故有方桌茶局擺設。及後有了口碑，人皆稱之為「盲公餅」矣，才騰出半邊鋪面來賣餅，且改店名為「合記」，因為占卦算命盲公的名字即叫做阿合，街坊稱他「盲公合」。

不過，不久冒牌者即開遍佛山，甚麼「正合記」、「老合記」，開到滿街都是，尤其是火車站，即有五、六家甚麼合記。

鶴鳴街的合記，只有本地人去幫襯，王亭之曾住佛山，乃有吃真正甘香鬆脆盲公餅的口福。其時已是盲公合的孫媳婦看鋪，她說生意其實不好。劣幣驅逐良幣，毒音壓制原音，因此壞餅也就頂死靚餅。

月餅食後談

王亭之好食月餅，而且認為月餅非用豬油製餡不可，只可惜近年香港人太過惜身，視膽固醇如蛇蠍，所以怕油又怕糖，甚至有人聞月餅而色變。

對於月餅，王亭之最不喜白蓮蓉，出爐後隔三、四日，大概由於缺油的緣故，吃起來即連蓮蓉亦大打折扣。這類月餅，一般留給小樨樨用來作挖蛋黃之用，王亭之淺嘗輒止。

用豬油製餡的蓮蓉，蓮香較耐久；但若一摻入黃豆粉、綠豆粉之類，則食時覺餡稍韌，略為黐牙，斯亦不足觀矣。

是故實際一點，可吃玫瑰豆沙。豆沙不取紅而取黑，因玫瑰糖只宜黑豆沙，亦必用重豬油始佳；油少，則連玫瑰糖亦不出味。但王亭之懷疑，如今還有那家肯用真正的玫瑰糖也。

若用桂花糖，則宜製豆蓉，連用於蓮蓉都有所不宜。王亭之生平吃過最佳的豆蓉月，出自廣州四鄉的平洲，油重，用真正桂花糖；唯生平僅吃過兩次，以後即來源斷絕，至今尚心思思也。

古人製餅，必重用油，或牛油、或豬油、或麻油。如《齊民要術》之「髓餅」條云：「以髓、脂、蜜、合和麪，厚四五分，廣六七寸，便着胡餅爐中令熱，勿令反覆，餅肥美，可經久。」由是可知用油之多，否則焉能「肥美」耶？

《隨園食單》有「三層玉帶糕」條云：「以純糯粉作糕，分作三層，一層粉，一層豬油、白糖，夾好蒸之。蒸熟切開，蘇州人法也。」今粵點「千層糕」的則略似之，可惜已改用油漬冬蓉代替豬油矣，食家乃少口福。至如明人之「到口酥」，用酥油十兩，白糖七兩合白麵一斤，用油之重，今之香港人亦必惜身不食。

輕油則餅必不香，此今日月餅之所以難佳也。若用葡萄糖，更屬餅中左道。

第叁章

煮食記事

旗下祭神肉

廣州的旗下人祭神，必用白煮肉。這種風俗，或是學自滿人。蓋清代皇室祭神祭祖，亦用白煮肉，煮畢分賜大臣，用以夾餑餑而食，無油、無鹽、無醬，淡而無味。這時候就便宜了太監發財，太監以油紙包好的醬料送給大臣，例有打賞，往往十兩白銀一包醬，可謂名貴也矣。

白煮肉以大塊清水煮之為佳，至少每塊五斤左右，若拿一斤半斤豬肉來白煮，煮出來的豬肉就欠鮮味，此點不可不知。

所用的豬肉，一定要「半肥瘦」，若全用瘦肉，則根本欠缺白煮肉的風味，所以半星肥肉都不敢吃的人，與此菜餚無緣。

豬肉煮熟之後，切成薄片，愈薄愈佳，能每片如兩、三張紙那麼薄，即為合格。以重油落鑊，爆麵豉醬，如喜食蒜者，則可同時加入蒜蓉，一齊爆香。趁熱將切薄的豬肉下鑊再爆，略為炒動，使醬料在肉片上分佈均勻，即可上碗。

碗底墊以蒸熱的茨菇片，或芋頭片均可。豬肉鋪面，必須排列成整齊圓形。不得亂如一團棉絮，以免影響賣相。此則屬於旗下女人的手藝。

此菜亦可不用墊底，加葱條，包「春餅」而食，其風味與食填鴨不同。若包以生菜片，則宜與「金包銀」炒飯[1]同食，只包祭神肉則反而味太寡。

1「金包銀」炒飯，炒成的飯，每粒飯都包有蛋漿，此製作有點小小的秘密，不宜公開，否則會給廚師用廚刀斬死。

廣府八旗蒸雞

王亭之在溫哥華，上「華僑之聲」電台，答聽眾問題。有一聽眾問曰：「雞肉無味，要如何炮製始佳？」善哉，此一問也。

美、加、澳三地，雞皆不佳，肉粗而無味，且有腥羶，不食本亦不為過，然而其實亦未嘗無整治之道也，要之唯在使雞肉能入味耳。

然若以滷水製之，味則入矣，獨惜仍未能避去肉質粗糙的缺點，故王亭之乃授之以「麻醬蒸雞」一法。

用洋雞，宜斜刀切胸肉，去骨，唯留腿翼之骨。切淨後，可沖水，在自來水下沖約三刻鐘，則腥羶可去十之七八。

將沖水後之雞肉，平鋪於薑葱之上，之前用酒及醬油稍醃，即可入鍋蒸。蒸不可熟，以仍見血為宜，取出，另下麻醬料。

麻醬料，用坊間之麻醬，加水調稀拌勻，立即淋於已蒸之雞上。若重湯味者，可加雞精少許調勻。美、加、澳三地，皆有一種「低脂雞精」，絕不含味精，用以調和，最為適宜。

初學整治此菜，麻醬料之濃度，甚難掌握，水太少則澀，水太多則雞不入味，大致水一份，麻醬一份，即便適宜，而坊間所售之麻醬，稀稠不一，因此仍須依靠經驗。

下麻醬料後，燒紅水鍋，俟蒸氣騰騰，乃下鍋隔水蒸之，一蒸即起，火候絕不宜老。起鍋時，撒以芫荽，尤覺香美。如是整治，雞得麻油滲透，乃覺滑溜，而醬料則已入味。

此種蒸雞之法，廣州八旗人士最為擅長，以旗人擅製麻醬，昔廣州文德路之致美齋即其著者。

王亭之鮮鮑

有人出海獵海鮮，得金山鮑魚數枚，以兩隻分惠王亭之。用航空急凍寄出，且附一函云，金山鮮鮑一向有名，不信比不上日本鮑魚。

近年日本乾鮑價格飛漲，人或戲言，此乃受王亭之之累，因為將阿一捧上南北二京，教識大陸人食鮑魚，便將價錢搶高矣。王亭之亦戲答曰，一定多創鮮鮑食制，以挫乾鮑威風。誰料開玩笑竟成事實，萬里外竟有鮮鮑飛來，考王亭之的智慧也。

治鮮鮑必須用好湯，湯需肥而不膩，又不能有鹹味。居夷島，萬事不便，湯料甚費躊躇。乃令王亭婆購老雞一隻、雞項一隻、肉排兩斤，用以熬濃湯。

老雞及一斤排骨，加瑤柱三數粒，熬成湯底，然後加雞項及餘下肉排，連鮑魚入湯燉，原湯底的渣滓則除去不用，可留下再煲普通湯底，例如用來燉瑤柱蘿蔔球，即不覺浪費。

燉鮑魚必須用極慢火。燉前，鮑魚洗淨，薑葱飛水，此已屬例行公事。燉鮑魚的水不可多，金山鮑個頭大，一隻已逾一斤，水僅能淹沒湯料即已足。

火候又須均勻，不能時明時滅，故用電子瓦罉最為適合。如是燉十小時，即可供食。若改燉為煲，則至少須十四小時始辦。

燉好的鮑魚，腍而不鬆，取出，加火腿汁扣。不用蠔油，用則易味酸。扣鮑魚收身，略加芡汁，收芡後，切片而食，竟儼然有乾鮑風味。

讀者如有雅興如法試製，請名之為「王亭之鮮鮑」。想澳洲鮑亦堪一用也。

王公館蒸魚

古代食譜食單，甚少談及蒸魚之道，即如袁子才，於蒸魚亦甚外行。此道唯粵廚得天獨厚，無他，工多藝熟耳。

從前廣府人蒸魚，以原條青葱墊底，魚面上蓋以半肥瘦豬肉絲、北菇絲，或略加點火腿絲，蒸熟之後，將魚汁傾去，另加老抽及熟油，熟油冷用。

香港廚師蒸魚，則不用肉絲、北菇絲，蒸熟後同樣傾去魚水，另加豉油與熟油，唯熟油必熱用。

二者比較，各有千秋。

小條的海鮮易蒸，以廣府人的方法為宜，大條的海鮮難蒸，則以港廚的方法為妙。蓋港廚蒸魚不必太熟，淋一杓熟油上去，將魚加燙一下，則火候恰妙矣。

王公館雖講究飲食，但一切以慳儉為原則，故蒸魚必非大條海斑、冧蚌，偶然買得一條海鮮仔，仍以廣府人的方法蒸之可也。

但卻仍然有一點小秘訣，不可不知。

凡蒸魚，略加一茶匙生油擦遍魚身，待泌出魚水後落鑊蒸之，則魚腥盡去。魚肉雖鮮，帶腥則奪去鮮味，去腥必用生油，而不是靠薑與葱。此所謂一物治一物。不識此點小竅門，則薑葱、芫荽並用，亦根本不能去其腥臊。

與魚同蒸之肉絲、冬菇絲，務須切得極細，且不可密麻麻鋪蓋魚身，否則火候很難恰好，略加幾條點綴可矣。豬肉絲必須半肥瘦，全瘦則不如不用。

調校魚豉油，香港唯魚王駒有獨得之秘。據云，無非用「海鮮豉油」[2]加水煮滾，攤冷候用而已。加水的份量則要靠經驗，不妨先兑半，然後再調整。

魚王駒云，行家或落味精，或兑上湯，以為好味，其實皆非正道，旨哉斯言也。味精固無論矣，上湯雖好，用來兑豉油則已失去清鮮之意。

還有煮食的女人，不妨依法蒸魚以饗良人。

2 海鮮豉油，其實只是依古法用黃豆釀出的秋油，因為都用化學豉油，所以豆釀秋油便十分名貴，特別稱為海鮮豉油，其價為化學豉油五十倍左右。

客邊試製芙蓉蜆

寫這篇稿時，王亭之在舊金山，舊金山酒家飯店林立，然而卻以老牌雜碎店，以及新派粵菜館為多。

老牌雜碎店太不長進，五十年不變，一味靠大碟來號召，可謂得粵菜之糟粕；新派粵菜館則太過取巧，講賣相而不講食味，可謂棄粵菜之精華。此情此景，王亭之自然難以食得開心。

不過王亭之命宮有食神，所以還可以收服兩、三個大廚，替王亭之撚私家菜，只是需三日前預訂，不似在香港，樣樣即叫即有。

舊金山的蜆肉尚佳，可惜無論新派抑或雜碎館，都一律只識用豉椒炒。

黃沙蜆用豉椒炒可稱上選，舊金山的蜆則不然，隻頭雖大，鮮味亦勉強，只是比黃沙蜆韌，因此炒蜆絕非上佳整治之道也。

王亭之左想右想，乃令大廚海以及大廚華二人，試製「芙蓉蜆肉」焉。

這味菜，說起來其實一字咁淺，只是用蛋白炒蜆鬆而已。先將蜆灼至半熟，用針挑殼，剝出蜆肉，去韌邊，淨肉切碎，以豬油爆之，然後加牛奶蛋白同炒，急炒七杓半立即上枱。為了調和顏色，可加蘭豆仁，或芥藍粒，鋪芫荽上面。

大廚華的廚房無豬油，單用一味粟米油，因此炒起來便不及大廚海香。只是大廚海的砧板去韌邊不足，因此吃起來便不及大廚華爽，可謂打個平手。

在客邊，飲食有人服侍，自然比較舒服，是故王亭之在加州，喜舊金山而厭洛杉磯焉。

甫魚食制為例

食制是否取巧，可以拿「甫魚」（大地魚）食制來舉例，比如「甫魚火腩卷」、「甫魚生麵」等。

真正的甫魚食制，是用原條甫魚來做一味點心。譬如甫魚生麵，先將整條甫魚放在慢火的爐上燒炙，火必須慢，稍大即易將甫魚燒燶，如是即不可用，若孤寒者，拿燒燶了的甫魚來煮湯，湯亦必有燶味。

若慢火燒炙，則當魚鱗炙去時，即可聞見魚香，這時即應將魚取出離火，用刀小心刮去魚鱗，務須刮淨，否則魚肉帶鱗則不但味腥，而且𩟔口。

將已刮淨魚鱗的魚肉撕出來（不能刮出來），這時，魚骨與魚肉完全分離，各有所用。魚骨用來煎湯。一條中度的魚骨，可加三十安士左右的水（凍水落魚骨），燒至大滾，即轉為中火，煎至剩下十來安士水左右，即成。

這魚湯可以用來燜火腩，或加入麵湯之中，即麵湯一半、魚湯一半。如果麵湯不用上湯或二湯，則可全用魚湯來作麵湯。

魚肉則可用「猛火溫油」，將之炸酥，然後研為細末，灑在煮熟的生麵之中。加兩條菜蘧，即可上枱。

由上所說，可見工序之煩，而且費時，所以「新派」必不用甫魚煎湯取蓉，寧可味精加金菇、皇子菇，省事而且有看頭。

欣賞「甫魚淨麵」

一碗甫魚淨麵，由落單至上枱，至少要半小時，清寥寥，只得兩條菜蕋（陸羽則加十數粒魚泡走油放在麵上）；若一碗「味皇三菇麵」，十分鐘即可上枱，麵上有金菇、冬菇絲、皇子菇三幾片，賣相相當煞食。

所以一加比較，酒樓必不出甫魚淨麵，費時不討好，將之淘汰可也。唯有舊式酒樓，有懂得飲食之客人，是則非維持招牌不可。這即是「新派」與傳統的分別。

給王亭之吃，王亭之一定揀甫魚淨麵。何以故？且聽細細道來。

用二湯做麵湯，唯有肉味，但一加入甫魚骨煎湯，十分搶味，令二湯有特別的鮮口，其味之和，難以筆墨形容。

或以為任何魚湯都可以代替甫魚骨湯，那又大錯，魚湯與肉湯之味難和，唯有甫魚煎湯然後才能和肉湯之味，列位一試便知。

生麵加上燒香的甫魚蓉，十分冶味，若用如今電視上阿哥阿姐的說法，那就是──「唔，甫魚蓉將麵味帶出來！」稱之為「帶出」，好像十分有學問，以前的人只識說「冶味」。

若「味皇三菇麵」，則唯靠味精或雞粉（是美名之為「味皇」），菇歸菇，麵歸麵，其味一點也不和，是即不能冶味。

只淒涼，如今根本再無甫魚淨麵可食。

海參食制

王亭之嗜吃海味，可是如今的鮑魚、魚翅已給人吃到奇貴，連江瑤柱都有浸魚露的假貨，真的已無海味可食，唯有求之於海參。

吃海參其實亦不易。看電視，排骨燜海參，一看那海參就不開胃，蓋乃是光禿禿的大豬婆參，在從前根本沒資格上枱，只能用以燉湯，且被視為粗品；可是如今卻成為名廚示範之作了，看見就覺得陰功。

說海參有益，有益的只是遼參，個頭小，滿身刺，是故又稱為刺參，如今的酒家已很少用它，唯用豬婆參，若在往時，便被視為欺客，如今可能已算珍品，列為「海錯」。

遼參不易炮製，至少要浸三日，過水後始能用以燉湯。最好是燉老鴨。至食時，加火腿汁再燉幾分鐘，湯味即鮮美。如今圖麟都（多倫多）已有走私進口的火腿在超級市場賣，十分方便食家，亦為海參食制之福。

燉湯的遼參可以吃，老鴨肉則不必，吃遼參時，灑點炒蝦子上去，相當冶味，只是如今的好蝦子亦難買到，不知何故，莫非河蝦如今已不產卵？

遼參的價錢如今還不算很貴，過冬過年吃遼參，還不算是奢侈，是則「蝦子扒海參」、「蝦膠釀海參」、「肥肉燜海參」，應可以算是應景的食制，取其滋陰也。

燉鴨滋補之效

食鴨乃中國的傳統，源流之遠，至少古於食雞。只是不知由何時起，忽然認為鴨肉發毒，於是乃捨鴨而取雞焉，然而這只是廣東人的想法，尤以客籍人士為然。實則非也，試看北方人士，可以食全鴨宴，難不成他們的「毒」不忌鴨耶？

若依照前人的說法，鴨比雞還要對人體有益，鴨肉滋陰，又能補陽，對於虛不受補的人最為有益，尤並是患「骨蒸」的人。

所謂「骨蒸」，乃肺病或癌病的象徵，量度體溫雖則不見發燒，可是病人卻自覺渾身滾熱，兼且雙頰發紅，間有午後潮熱，嚴重者則至於脱髮。在古代，唯肺病後期的人見之，在現代，則許多多因患癌病而接受放射治療的人，亦每見此種症候。

「紅樓夢」中的林黛玉，於「焚稿」前一段時期，患骨蒸無疑，不但吐血，且有午後潮熱，夜間又失眠，累死了丫頭紫鵑。寶二爺去瀟湘館探望，則見其雙頰如着胭脂，到吃飯時，勉強用湯泡一啖飯，連食慾也盡失，此即大虛之症。如果那時候能日日飲濃鴨汁，當能減輕她的病症。

只可惜，清人已重食雞，以為雞可以補身，鴨則不如；所以大觀園竟沒有人想到燉鴨汁給林妹妹飲，可謂世俗之見累人。

然而亦不是完全沒有人知道鴨的食補之效。如《官場現形記》就寫過一個道台，他的上司最恨人抽鴉片，此道台卻煙癮奇大，照理應該倒霉，可是他的差使卻偏接二連三，知者無不嘖嘖稱奇。

原來這個道台雖抽大煙，可是卻一天燉一隻鴨來吃，抽煙之後，又用幾條熱毛巾擦面；所以雖抽煙而氣色仍佳，紅紅白白，他的上司絕不會想到他是癮君子。

由這段描寫，便可知道，到底有人知道鴨子的滋補之功。抽鴉片的人多陽亢陰虛，燉鴨恰可對症下藥。廣東人陰虛者多，陰虛火盛只屬虛火，若能多食鴨，飲鴨湯，應該比吃雞還要有益。現在大陸人亦應該多患陰虛，因為他們勞累過甚，王亭之在大陸所見，無論貧富，許多大陸人都思慮過甚，連小事都費周章，是故王亭之特撰此文，為鴨的食制翻案，與其吃甚麼參燉雞，不如老老實實燉鴨，三個月下來，便知功效如何。

陳皮鴨與柴把鴨

論有益之鴨子食制，無過於「陳皮燉鴨」。由此食制派生出來的「鴨腿麵」，始終是賣座的點心。

燉陳皮鴨不必用薑葱，陳皮若靚，老老實實就用陳皮來燉鴨便可。然而鴨肉不如雞肉之鮮，有些廚師，以為加火腿同燉，便可提高鮮味。殊不知火腿可以與雞同燉，卻不宜燉陳皮鴨，否則陳皮之香味盡失，火腿之鮮味亦失。

王亭之家廚的辦法，是另燉腿汁，於臨上桌前，將腿汁兑入陳皮鴨湯之內，而且必須熱兑，二者皆熱，兑後蓋上燉盅蓋，再用文火燉五分鐘，一揭盅，陳皮之香撲鼻，火腿的鮮味則在湯，此絕非用火腿燉陳皮鴨加味精者可比。若舌頭味蕾未失用者，一試便知。

一般食制，陳皮鴨可以先將鴨身走油；但若為補虛而食，則宜用老鴨燉濃汁，鴨身則不宜走油，只飲湯，不吃肉，湯汁亦鮮美也。

以食補的觀點來說，自以鴨汁為宜，燉全鴨、海參煲鴨，皆基於補益的構思。蓋全鴨腹內有蓮子、百合、芡實、薏米，可補中益氣，有利脾胃；海參亦大滋陰虧，與鴨肉正相配合，凡此均飲汁重於食肉。

若言食肉，則北京填鴨，以及廣府人的琵琶鴨尚矣，無以上之矣，只是若論滋補之道，則不及鴨汁鴨湯遠甚；此無他，一經燒烤，鴨肉香而汁液減，故補益之效乃不如耳。

王亭之家廚有「蒸鴨」一味，則鴨肉可食，而滋補之效不失，總不能天天飲鴨湯，故此味亦不妨一試。

食「蒸鴨」最宜春天，因有春筍可用。取春筍灼熟，只用筍尖，亦不與鴨肉同蒸。鴨則灼熟拆骨，只取鴨肉，且撕成細絲，然後夾火腿絲，用葱青綑成細紮，鴨絲不宜多，大概三條鴨絲，夾一條火腿絲便合。

於是將春筍尖墊碟底，鴨絲紮鋪面，加熟油、醬油、糖、酒調味，入鑊蒸三數分鐘，由於全部皆為熟料，故火候不須多，多則老火不能食矣。

如是整治的蒸鴨，名「柴把蒸鴨」，蓋鴨絲成綑恰如從前燒柴，柴枝紮成一紮紮，是為「柴把」。

「柴把蒸鴨」的特點，是鴨肉仍然多汁，無烤鴨肉之乾，且食時濟以爽口的春筍尖，於是鴨肉之香乃溢舌本矣。

亦有將鴨絲紮走油，加葱油同燴者，則名為「柴把鴨」，此乃昔年廣州福來居的名菜，其實乃自王亭之家廚脱胎而來，然而照王亭之的口味，到底以蒸者為勝，勝在鴨肉甘腴，非走油求香者可比；唯必須配以春筍，或配以夏天的茭白，這些都是時蔬，不能長年供應，故食肆改為走油燴製。

煲湯有學問

煲湯不同滾湯。滾湯易，煲湯難。廣東館子的特色正在於煲湯而非滾湯。若乎滾湯，則四川菜蘿蔔肉片、湖南菜雞湯滾生魚片，皆不輸於粵廚，甚且可謂凌駕其上。

許多人以為煲湯乃易事，將一應配料齊齊下鍋，加水煲之哉，以為是煲湯矣，一旦煲四、五個小時，自稱「老火靚湯」焉，真的笑煞人也。要煲一鍋靚湯，湯料如何整治乃第一要務。例如節瓜煲豬肉，節瓜是橫切抑或直切，都有學問。又如煲節瓜，必須去瓜仁，而煲老黃瓜則須帶瓤，連瓜仁一齊煲。倘一部通書看到老，便不知煲湯的竅妙。

用江瑤柱煲瘦肉，煲至火路足，須將瘦肉用筷子拆散，再文火煲之，然後湯始無瑤柱的腥味。倘只將豬肉切件來煲，湯雖鮮，必仍帶腥。若加胡椒辟腥，那麼整煲湯就立刻變質，由滋陰變成燥火。這類知識，光靠看食譜來煲湯的主婦，一定不識，因為連寫食譜的人，煲出來的湯都未必靚也。

淨肉雲吞靠「冶味」

從前雲吞麵店，大字招牌：「鮮蝦水餃、淨肉雲吞」，故知水餃與雲吞有別。今時的雲吞水餃，一律包裹大隻還魂蝦，而且以為蝦愈大隻愈靚，由是風味全失。

或以為雲吞加蝦可以增加鮮味，但大隻還魂蝦的雲吞，照例豬肉欠奉，是則焉可尚稱之為「餛飩」，不如乾脆水餃了事。

「餛飩」到了廣東，訛音變為「雲吞」，約定俗成，這不妨事；但「餛飩」者必為肉餡，這傳統卻不應失落，一失落，便等如淘汰了「餛飩」。且看《水滸傳》，魯達三拳打死鎮關西，便是藉買餛飩餡來找岔，先要十斤精肉（淨瘦肉），切粒，不許帶半點肥；再要十斤淨肥肉，切粒，不許帶半點瘦，鎮關西照切，忍住氣，那是因為此正為包淨肉餛飩之所需。由這故事，即知廣府人的「淨肉雲吞」來源甚古，可以追到北宋，相信此食制必由南雄珠璣巷傳來無疑。

或嫌淨肉不鮮味，殊不知廣府人懂得用大地魚焙香，研成蓉，加入肥瘦肉粒中用來調味，一經調冶，別有鮮味，將肉味調和，是之謂「冶味」——即是說，肉味靠大地魚蓉的味道「冶」出來，這「冶」字十分傳神。

冶味的淨肉雲吞又要靠湯配搭，雲吞麵湯別有一工，非雞粉湯可比。

離火炒牛肉

炒牛肉甚難，用鬆肉粉則甚易。然而凡出動到「現代科技」，則必失飲食文化之義，是故牛肉鬆而無味，即現代化廚房的弊病。

王亭之小時候過了幾年太平日子，品飲品食乃先父的嗜好，加上庶祖母盧太君擅長烹製蘇揚菜，所以耳濡目染，稍為知道一點飲食的皮毛，有興趣的人，大可跟王亭之一齊研究。

王氏家廚炒牛肉，先用熟油浸漬切好洗淨的牛肉，然後以冰塊鎮之，冷凍四、五小時。現在家庭有雪櫃，自然可以省去「冰鎮」的麻煩。

臨炒牛肉前半小時，將油浸牛肉取出，傾去熟油，還要將牛肉略用手搾，則牛肉已變鬆軟，於是可以調味矣。

調味各師各法，不離加點豆粉與蛋白。有人喜歡下糖，有人不落；有人喜歡用豉油，有人不用，但千萬不可用薑汁，寧可落些上好的胡椒粉。如是醃牛肉半小時以上。

另用生油起鑊，油滾為度。此時加葱頭若干入鑊，目的不在爆葱，而在利用葱頭略降滾油的溫度。

於是將鑊離火，急下醃好的牛肉，快手炒之，四成熟已足，上碟。

又再用生油起鑊，這一回，可以各憑口味調配，或用洋葱，或用乾葱頭，甚至二者齊用亦無不可，喜味濃者則用蒜蓉。在鑊中爆香，然後加汁料。

汁料亦可各憑喜好，可用豉油，可用喼汁，或爆幾粒黑椒。

將煮滾的汁湯連葱蓉，一起倒落碟中的牛肉面，稍為用筷子兜兩兜，則滾汁又可將牛肉加熱，約至六、七成熟，火候剛好。

這味炒牛肉的秘訣有二：熟油冷浸、離火抛炒，如是而已。如法炮製，味道不好不關王亭之的事，只在乎主婦調味的心得，王亭之僅保證如用此法，牛肉鬆而有鮮味，絕勝用鬆肉粉的腐肉。

「釀冬瓜」勝在汁鮮

夏日宜食冬瓜。冬瓜盅固無以尚之，冬瓜盅燉翅當然更覺豪華，然而家常食制，火腿冬瓜湯可矣。

或出冬瓜供客，嫌火腿冬瓜湯太陋，則不妨一試當日王亭之家廚，有「釀冬瓜」一品也。此食制製作雖稍煩，然而甘美亦不下冬瓜盅，雖無湯耳。

整治冬瓜，一如製冬瓜盅之法，將瓜去頂，挖去瓜瓤。所挖去部分，約當直徑之半，例如瓜之直徑為一尺，乃挖去五寸，四周留瓜肉二寸半左右即合。

將肥雞去骨，用醬料稍醃，略用紹酒調過，乃釀於冬瓜之內。釀時可加已蒸透之火腿，火腿宜肥瘦參半者為佳。昔年市面有罐頭雲腿，王亭之用其「大片」一種，漂淨浮油用，甚佳。其味且勝於用今日之金華火腿。居夷後，只能用維珍尼亞火腿，則味更劣，然而此實無可如何。

既釀好，將瓜頂蓋上，插以竹籤，亦一如治冬瓜盅之法。入大鍋中隔水蒸熟，至瓜身脍透，竟可聞肉香瓜香撲鼻也。

隔水蒸乃不得已之法，若如從前用大灶者，有熱灰，則埋瓜於灰中及腰以上，復用糠焙，如是將瓜煨熟，其味更佳。

瓜既熟，俟稍涼，切層供食，瓜鋪碟上如環，環內有肉。食時掐以調羹，其汁尤鮮美，非冬瓜盅之湯可及。食畢一層，廚人再供一層，三供即足，其近瓜底者味已遜。夏日治此，可酒可飯。

煀黃芽白必講火功

王亭之居番島，唯喜食黃芽白，四季皆有，而風味亦不減漢地所產。若乎芥蘭、菜心、菠菜之類，色雖青綠，而味終有不如。

黃芽白食制，以「火腿扒紹菜」最為馳名，今香港無論粵菜、潮菜、蘇杭菜、以至川菜，都賣此饌，其普及可知。

此饌著錄，最早見於《隨園食單》，先以火腿皮煀黃芽白，後加火腿，及甜酒娘，同煀半日，味極鮮美。據袁子才稱，此乃朝天宮道士的食制。

若將隨園食制跟今人的火腿扒紹菜比較，便知今人的製法有點貪懶，所恃者唯在上湯或味精耳。蓋凡煀黃芽白，必須慢火濃煀，即火小水少，多費火功，然後黃芽白始出味，其味甘鮮，不下於黃豆湯。

所以黃芽白素食，亦唯慢火煀之為佳，及煀至酥，始下鹽醋，略加紹酒，再蓋鍋煀，素蔬之佳，蓋無有能及此者矣。

山東人燒黃芽白，則將之切成長方塊，用麻油炒，加醬油、陳醋煀透，至爛酥為度，煀時不加滴水，此食制蓋深得原汁原味的風致，與火腿煀、上湯煀，食味別有不同，而素食又未必輸於葷菜也。

黃芽白性寒，煨者多加薑，其實不如用酒。王亭之家廚，且用紗囊盛白胡椒十餘粒同煨，至半熟，可去胡椒，以酒及鹽入，酒不須多，多則湯味殺矣。

然而即治一菜之微，今人亦以費火功為嫌，當然更不肯先下胡椒後下酒，此所以成為長養「新派」的溫床。

砂鍋白肉

中秋將屆，王亭之想介紹一個清宮名菜，給讀者共渡中秋。

此菜名「砂鍋白肉」，乃秋令的時菜。昔時北京有「砂鍋居」，即以製作此菜馳名。此店的正名為「居順和」，因賣「砂鍋白肉」出名，老北平乃以「砂鍋居」稱之耳。此所謂「居」，並非「陶陶居」、「泉章居」之「居」，直是賣砂鍋肉的老居之意。由是可見此菜餚之風行也。

製此餚，需用半肥瘦五花肉，至少一斤半重，過輕則味不美。若能用至五斤以上，自然更佳，只可惜今人吃不了許多肉耳。

豬肉洗淨，用麻繩紮實，愈實愈好，然後以清水煮之，水不可多，能過豬肉面即合。如是白煮白烚，至肉熟，取出置至半冷，急用水沖，令冷透，然後解繩，則瘦肉不散，肥肉不漏油，此時乃可用利刀切薄肉片，切至飛薄，薄至肥肉有透明的感覺。

肉湯泌清肥油，亦可置雪櫃二、三小時，則油脂凝面，更易去淨。

此時在砂鍋中，用已灼熟的黃芽白墊底，再層層鋪上已切薄之白肉，添原湯至滿，略加筍片、冬菇片，爆香蝦米，下鹽、紹酒調味，不用醬油。

如是用武火將砂鍋連湯燒至大滾，再轉為文火，燉四十五分鐘左右，於是菜肉皆酥，而且入味，即可供食。上桌時加火腿片、「春不老」絲（南貨鋪有售），稍拌，則風味尤佳。

食時先飲湯，肉則可酒可飯。中秋製一鍋，家人圍食，洵老少咸宜，且有團圓之意。

即興灼食鯇魚片

北美洲無魚可食。這一點，雖飲食中人亦不得不承認。可是「新派粵菜」者流，卻偏偏積習難返，硬要用海鮮來號召，亦居然有食家在文字上對其蒸魚極力捧場，且讚其海鮮水準勝過香港，有人將文章剪給王亭之看，相對莞爾一笑而已。不識藏拙，莫此為甚矣。

當地海鮮，僅蠔與象拔蚌兩款，品質可稱勝過香港，其餘皆有未逮，魚尤劣；因水深且急，魚類為了適應環境，皮與肉皆不得不韌，纖維亦粗，質地如是，怎可以稱王稱霸耶。

要食魚，只鯇魚可以一食，而且要切片，然後始覺魚肉滑，成條蒸，蓋亦不堪下箸也。偶然得到一條西鱸，倘在一斤以下，則宜清蒸，唯一不必用豉汁陳皮，蓋魚身不同，清蒸反而入味。若所謂石斑、青衣之類，不食亦未為損失也。

鯇魚較易得，故王亭之唯有食之。屢試之下，發現此魚最宜灼食，滾湯亦可。因效湖南菜，乃試製「上湯鯇魚片」矣。

湖南菜正宗食制，本來用雞湯，粵菜館則上湯常備，所以棄雞湯不用，改用上湯。其實用二湯亦可，只不過廚房加意便用上湯耳。

上湯煮滾，上桌，另備魚片一碟，油條切粒一碟，菊花瓣及芫荽一碟，及醬料之類。食時先灼魚片，然後放入油條及菊花芫荽，一灼即分碗而食，其香鮮甘腴，蓋可謂兼而有之矣。

若在香港，用生魚片當然更佳，否則鯇魚亦可。若用此二者，則不宜用上湯，二湯應更佳，勿令湯味奪去魚味也。

中秋過後啖韭菜粥

王亭之過中秋，月餅盈桌。蓋香港來客以及一些餅家，皆寄月餅來，島人亦以月餅相贈。最劣者蓋為羅蘭士市長送的「雙黃椰絲月」，最佳者當然是王亭之小館的「奶黃月餅」，並非賣花讚花香，王亭之用以相偏島人，得之者只嫌送得少。

月餅既多，食後有點腹瀉，亦非大瀉，總不清爽。王亭之乃令王亭婆煮「韭菜粥」焉。韭菜粥乃屬食療的古法，元代已有文獻可徵，醫家謂其能「溫中」，治腹冷痛最良。腹冷痛者，無非積食耳。

買韭菜三磅，去根用淨葉兩磅榨汁，和水兑開，下砂鍋燒滾，然後始下米。米略用生油醃，切不可用硼砂，更不可加皮蛋，否則煮成之粥必反。

候米燒開，於是切餘下的一磅韭菜下，用葉尖，不用近根部分，再數滾即可供。

王亭之食白粥不加鹽，食韭菜粥卻非加鹽不可，啖此粥，佐以鹹鴨蛋，口味須清，亦殊香美。粥色碧綠，韭香撲鼻，鄰座聞之亦動食指也。

啖兩碗，小睡片刻，腹已不冷，積食都消，此尤勝飲普洱茶。蓋用濃普洱茶去積食油膩，有如用洗潔精，啖韭菜粥，則可令胃暖，自行發揮其運化功能焉。王道之至。

此粥只宜素食，若加肉，則味怪矣。

又只宜用韭葉，不可用韭根。此不知何故，或者根葉成分不同。

明人重色，以此為壯陽之食制，則用韭根矣。讀者各適其適可也。

蝦肉燕皮羹

九姑娘拜王亭之為師，專學飲食。王亭之於飲食之道，只說不練，九姑娘則只練不說，便暫時相處融洽。

九姑娘乃福建人，王亭之授之以「蘿蔔球燉干貝」，此乃福建名菜，既食，人皆賞其清，九姑娘得意，便央王亭之授以其他湯羹。王亭之曰：「貴省有一種『燕皮』，未知唐人街亦有否？」

於是九姑娘便行遍唐人街，不獲，只好託人在香港買，居然在國貨公司買到。王亭之乃授之以製「蝦肉燕皮羹」之法。

這種燕皮，乃以豬肉剁碎，和以澄麵製成，大小如雲吞皮。燕皮羹者，看起來似燕窩羹，故湯宜清不宜濃也。若於酒樓製作，自然可用上湯，家庭製作便只能代之以雞湯。若怕撇油之煩，且宜用去皮雞煲，或老雞亦可。

雞湯煲好，將鮮蝦開邊，放湯內灼，對半開邊，蝦熟後即卷，較用蝦仁為美觀。然後可即加燕皮。

燕皮用手撕下，隨撕隨入滾湯灼，不可刀切，切則風味不如，且視之不似燕窩矣。

既灼妥，只加鹽、酒，略用醬油調色。取鹽味而不取醬油之味，取其清也。切不可加胡椒粉，加即傖俗矣。

然而卻宜撒大把芫荽，開蓋滾，即將芫荽撈起，僅取其香味。

如是製作，一清無似，視之真似蝦仁燕窩。若用蟹肉亦可，王亭之不用，只因九姑娘十指尖尖，怕剝蟹耳。唯皆不可加芡，加則色香味皆遜。

「紅燒麵筋」有竅門

王亭之客居夷島，最怕食島中雜碎店的「齋」。他們大書「JAY」字榜門，卻只識重用南乳，一味落粉絲，不知所謂。

其實善治齋者，即麵筋一味，亦可以成為美食，只是須識一些小小的竅門矣。

如治麵筋，若原身落鍋，必不入味，倘以濃茶泡過，再沖水，則易入味且易酥矣。茶宜用龍井。將泡過茶的龍井茶葉渣貯起，再燒滾水，將茶葉渣下水數滾，再改為文火，片刻，此茶不堪飲，但卻大宜用來泡麵筋。

王亭之喜食「紅燒麵筋」。王亭之有一房嬸母乃蘇州人，治此饌最善，王亭之的大媽嘗令王亭之偷師焉。

麵筋先走油，但卻必須手撕麵筋下鍋，若用刀切塊，則咬口總有點不對勁。走油火宜慢，取出，瀝清餘油，候用。

然後用素上湯入鍋，稍加油，燒至大滾，乃徐徐下麵筋，改為文火，俟麵筋收乾上湯，始下味。若用浸北菇腳絲之秋油，略加糖調之，最為美味。嗜辣者，此時可用辣油。

復用少許素上湯，加馬蹄粉，收薄芡。臨供，灑芫荽一把上，必乘熱灑，急上桌，芫荽之香始入麵筋。

以龍井茶洗麵筋，明人已然如此，乃蘇州世家之家廚秘法耳。
若不用茶，則可用糖水發麵筋，亦佳，發後漂水，必須漂盡糖味。
倘一下手便用醬油醃麵筋，則必久鬆軟，蓋麵筋與鮑魚同，未發前忌鹹，愈鹹愈硬；唯治齋鮑魚，則用醬油泡，取其稍硬似鮑魚也。

雞與醬料

王亭之近日狂讀古代食譜，忽發奇想，假如有一家食肆，能依足食譜所述，將歷代的菜餚製出，以自助餐形式供客品嘗，蓋亦未嘗非盛事也。

光是一隻雞，由宋代至清代，食譜所記，製法已有二十種之多，代代調味不同，火候亦異，由此蓋可見一代人有一代人的口味。

若再加上現時炮製雞隻的方法，精選十二種選出，則顧客一面吃，一面便能涵蓋古今，斯乃可謂為「文化」矣。

古代食譜甚重醬料的炮製，蓋古人聚族而居，一家動輒數十口，多者可二、三百，關起大門儼然一個小村落；所以家廚清供，非自製醬料不可，原汁原味，大勝買自市廛。

今日社會，根本已無可能自製醬料，為人老婆者，煮即食麵尚且只想煮一碗，跟你曬醬曬腐乳豈非發夢。

不過關於這方面的資料，對食肆則仍然有用。古代的「橙虀」、「蒜油」之類，一個「下雜」即可以配製，以之供客，何等骨子，不勝千篇一律供應辣醬芥辣耶？只可惜香港食肆，除潮州館子外，竟無人注意及此也。

潮州館重醬料，是真真正正的飲食文化。連炸豆腐都有特備的白醋，吃魚則蘸豆瓣醬，諸如此類，均可見其來龍去脈乃承自宋代的食制，只可惜潮州雖多才子，卻無人寫一本《潮州醬料考》耳。

廣府人往日家廚亦重調醬，甚有「閨中素手試調醢」的風韻，正因無人考究，遂致辣醬當道，鄙之甚矣。

故如用古人調醬配味之法製雞，跟今日的製雞法比較，則何只發思古之幽情，簡直能夠提高用醬料考究的風氣。

涼拌烏參重調味

王亭之居夷，無甚海味可食，以上湯不佳故也。嘗請一酒家老闆，可不可以熬一鍋靚上湯，整一餐似樣的翅；老闆搖頭，認為不化算。實質上島上能熬靚湯的大廚實在不多，獻醜不如藏拙耳。

無上湯而可食之海味，只有江瑤柱與烏參、蒜子瑤柱脯、紅燒大烏參，是亦聊勝於無，講起來真可憐。

然而燒烏參不可無蝦子，偏偏夷島禁蝦子入口；故酒家用蝦子乃惜之如金，疏疏落落三幾十粒，裹在漿糊一般的芡頭內，瞧起來就寒傖。

王亭之只好授以製「涼拌烏參」之法，要過口癮，就不能藏私。人家肯聽，還算是賞面。海參發妥，照紅燒的方法，將烏參燒好，唯切不可加芡。然後將烏參放冷，用沖力略沖，切成烏參絲候用。

烏參絲必須置雪櫃內，凍透為度，乘冷取出上桌。然而記得另加三碗調味。

一碗是醬油混和麻油；一碗是用醋調的芥辣，須調得略稀；一碗是調稀了的芝麻醬，其中可略加紹酒。

吃時，將三款調味澆在烏參絲上，然而卻必須依次序加，而且加一次調味，須得拌勻一次；三拌而後食。性急不得。若一次未拌勻，加第二款調味，味道便立刻大打折扣。

王亭之且喜加生葱白，剝衣，但用葱白芯，以之同拌而食，味更香且鮮也。

芡汁

粵菜着重「打芡」。不懂用芡汁，色香味皆減。有些素菜館，煮出來的素菜，款款一樣味，那就是不識打芡之過，因為瓜菜本來味道清淡，打芡不講究，變成是食芡汁之味而非瓜菜原味。雜碎館亦然，雞、牛、蝦是他們的三寶，一律走油，一律打個琉璃芡，那便亦食而不知其味。

芡汁基本上分紅、白兩種，是為色芡，若計上無色琉璃芡，則為三種。

琉璃芡最簡單，只用粟粉加清水及鹽調成，於鑊中推至不稀不結。如果葷菜，可用上湯代清水，芡推好後，加幾滴豬油再推勻。

琉璃芡用得好，是菜肉皆鋪勻芡汁，但碟底卻乾爽，甚至不見油，那是上好廚工。

紅芡用生粉，加老抽、蠔油調勻，可隨菜餚搭配加些香料或酒。素菜紅芡只用老抽，但名貴者，則老抽浸過冬菇腳。

白芡用生粉，加上湯或水，再略加些鹽，以及無色的調味料，如白醋、白酒、蛋白之類。如果是炒魚球的白芡，必須加豬油埋芡。

白芡用途廣，所以除生粉外，亦可視配搭改用馬蹄粉或藕粉。如用蛋白，不能跟其他芡汁混合，必須加芡汁後，馬上移鑊離火，加入蛋白急炒幾下，如是即不致變成炒蛋白。

三種芡汁，可以變化調味料，成味道不同的芡，例如紅芡加山楂汁。

油之道

粵菜講究「鑊氣」，所以用油須講究。用油之道共分四種——

第一、猛鑊猛油。此為將鑊燒紅，立即落油，燒至油滾，於是將物料入油中烹製。此即稱之為「泡」，如生泡蝦球、紅燒帶子、酥炸魚球、酥炸生蠔、泡龍脷球等。

第二、猛鑊醖油，又名「泡嫩油」。此為將鑊燒紅，落油煎至大熱而尚未滾，即將物料入鑊泡油，兜炒。此如炒鮮蝦仁、炒雞球、炒魚球、炒桂花翅等。

第三、猛鑊陰油。此為將鑊燒紅，加入凍油，油尚未熱便立即放入物料兜炒。如是即能收到嫩滑的效果。如炒雞片、炒牛肉、炒肉絲等。但如肉料太多，則須候油略滾，起雀眼泡始行應用，否則恐肉不熟，多炒幾下，則肉又不嫩。

第四、陰陽油。此為將鑊燒紅，將四分三油落鑊燒滾，再加四分一凍油，混合使用。此如炸花生、腰果、蔬菜等。製日式的「天婦羅」，亦用陰陽油。

四種用油，都須將鑊預先燒紅，故知鑊未紅即落油，是為犯忌。

所用的油必須先煉，即將生油入薑片與洋葱同煎，煎至油滾起白煙，再起小泡，即可改為慢火，候小泡平伏，油即煉成，是即為「熟油」。傾入盆中，候凍始用。

三不黏與黃埔蛋

談北京小吃者，多垂涎同和居的「三不黏」。此甜食，一不黏筷，二不黏碟，三不黏牙，故食家乃賜以此嘉名焉。這位食家亦鼎鼎大名，乃光緒年間的名士張佩綸。

這甜食，今人一定不敢下箸，因為全用雞蛋黃及豬油製，今人怕膽固醇怕得要死，當然寧願犧牲口福。

所謂「三不黏」者，其實亦無秘訣，只是用豬油用得多耳。將蛋黃、白糖及搓好的麵糰，加清水攪動，攪到漿色金黃，無麵粉渣粒，即可下鍋用豬油炒之。鍋底已有豬油，一面炒時又一面加豬油，每客用豬油一兩半至二兩，當然甘香鬆脆也。

由這味北京甜食，王亭之想起「黃埔蛋」。這味菜，據說乃在蔣介石當黃埔軍校校長時，廚師特備給他的私家菜。此蓋亦是豬油炒蛋耳。

普通炒蛋，「散收收」，抑亦欠滑，而「黃埔蛋」則滑而如拉布，一層疊一層，食時可以用箸拖起，絲毫不亂，此即豬油之為功也。

炒蛋不難，難在打蛋工夫。先打蛋，不加水，打至蛋黃與蛋白均勻，且蛋漿已能掛箸之時，加入豬油再打，打至半點油星不見，斯乃可謂均勻矣。

於是用豬油起鑊，慢慢傾蛋漿入鍋中，即傾即翻，每翻一次，加豬油半匙，蛋漿傾入須連綿不斷，又不能將之炒斷，這便是廚師功力之所在。

同樣是雞蛋與豬油，可炒成甜菜，亦可炒成小菜，這便是飲食文化，若文化不深厚，焉能有許多變化耶。

「米粉肉」大公開

王亭之家廚食制，以「米粉肉」最為馳名，小小的秘密，在於用陳米炒香磨粉，不能用新米，新米有米油，不易入味，蓋「米粉肉」的妙處正在於米粉能索透豬肉的味，用新米則大打折扣。

四川菜稱此菜式為「粉蒸肉」，用的是「椒米粉」，此乃當年廣州半齋酒家的名菜。所謂「椒米粉」，是用米加花椒一同炒，炒至米呈金黃色，再連花椒一起磨粉。

醃汁是製「米粉肉」的秘密，半斤五花腩肉的醃料配方大致如下——

砂糖三錢、生油一錢五分、紹酒三茶匙半、麻油一茶匙、豆瓣醬二錢半、京醬一錢半、胡椒粉一茶匙、沙薑粉一錢。

酒家製作必用味精，可加四分一茶匙左右，家廚則大可不必，但可加濃火腿汁先調炒米粉，然後再厚塗米粉於醃過的五花腩肉上，腿汁中亦可加入少量紹酒。

五花腩肉要切成骨牌形，配檳榔芋（切成骨牌形。腩肉厚兩分餘至三分、芋塊則厚五分），均用醃料撈勻，醃約一小時左右，然後將肉塊與芋塊厚沾米粉，間隔密排大碗肉，蒸扣約一個半小時。時間不夠，豬油逼出不夠，如是則吃起來肉太肥，米粉則太乾，風味全失。醃料用豆瓣醬與京醬，是冶味去膩之舉。

即興發辦三白炒飯

自從膽固醇嚇怕人之後，許多人不敢食蛋，可是卻去日本店食海膽，月餅亦喜雙黃，蓋可謂咄咄怪事。

王亭之嗜蛋，三日不食，即念之不置，而且彷如渾身乏力，見者憂之，王亭之唯有曰：「醫生話我欠膽固醇。」

雞蛋食制，可鹹可甜，蛋白且宜加醋，唯不受辣味與苦味。然五香茶葉蛋之澀，桑寄生煮老蛋之微辛，卻亦可補足五味。如此價廉且易調治之物，不食，可謂暴殄天物耳。諸般食制中，唯炒飯最難，蛋散不沾飯，最為下乘，若滑蛋黏連，亦非佳制，必須炒得飯散而蛋不散，始覺蛋香，若所謂「金包銀」，粒粒飯顆皆裹蛋漿，炒得爽身，則斯為蛋炒飯之上駟矣。

王亭之遊加州，試過幾次食「葱花蛋炒飯」，可謂僅得一家合格，若以新派粵菜為號召者，則簡直炒得連雜碎館都不如，此無他，新派者基本工夫欠根底耳。

有一次，王亭之忽發奇想，令廚人治「三白炒飯」，寫單的侍應唯有將大廚喚出來。王亭之囑以蛋白、葱白炒飯，用蒜蓉爆油起鍋，加銀芽，且用鹽炒不用醬油，上桌，唯加腿茸及芫荽蓋面，廚人諾諾而退。及飯至，滿盤燦白，飯香撲鼻，鄰桌不禁為之探首。此炒飯無非即興之作，不足以登大雅之堂，慣食海鮮的人，必加鮮蝦或蟹肉，然而若加，則點金成鐵矣。

瑤柱燒蘿蔔球

前談製「王亭之鮮鮑」，曾提到「瑤柱蘿蔔球」。此乃福建名菜，江浙人士亦有製作，總不如閩菜之佳。

這個菜，由「蘿蔔球燉海蜇頭」變化而來。江浙不用海蜇頭，或改用乾蝦。然而無論其為瑤柱、海蜇頭或乾蝦，皆海產耳，蓋蘿蔔最宜配佐海產也。

廣府人有一個信念，認為蘿蔔破氣，不甚食，因此粵菜雖重海鮮，卻未用蘿蔔為配佐。此必為福建佬所笑。

江浙人治此餚，蘿蔔球甚小，如一指甲許耳；閩菜則大如白鴿蛋。此蓋由於風土不同，思路逆異。王亭之喜閩菜形製。

治此餚，用瑤柱原粒為佳，可先用酒發，較水發為良。酒不可多，能淹瑤柱即可。燉時可將此浸過瑤柱的酒，加入少許。酒則用紹興酒為佳，廣東米酒亦可用，用洋酒則破味矣。水大滾，先下瑤柱，水亦不可多，一小時後，始下蘿蔔球及調味，酒亦於此時下。調味不宜糖醋，僅用薑塊、鹽、胡椒粉，倘以紗袋盛胡椒粒下更佳。

然而若有治鮑魚的湯底渣，則可用來加水再煲，此時可加瑤柱「孭仔」，即其韌帶。如是濃煎湯汁，去渣存湯，用來燉瑤柱，湯味更鮮。

然此餚不宜見油浮面，故湯汁須先去油，置雪櫃過夜，撇去油膏，則湯清如水，但既經冷藏，宜以薑塊及葱結滾過，然後去薑葱用。

此餚只重食蘿蔔球，瑤柱反不堪食。用如斯配料整治，廣府人稱為妹仔大過主人婆，即是丫環比主婦更矜貴。

豆腐羹

現在的天時，最好是吃「雞肝芋頭豆腐羹」。王亭之小時候吃這道菜，大人說，此蓋是《隨園食單》的名菜也，找出一本《隨園食單》來看，則不見此味。

近來《隨園食單》重新面世，王亭之為食，立即買了一冊，不忿氣，再將書由頭查到尾，僅發現「王太守八寶豆腐」一味蓋近是。

《食單》云：「將（豆腐）嫩片切粉碎，加香蕈屑、蘑菇屑、松子仁屑、瓜子仁屑、雞屑、火腿屑，同入濃雞汁中炒滾起鍋。用腐腦亦可。用瓢不用箸。」

所謂「腐腦」，即是廣府人稱的豆腐花，王公館的「雞肝芋頭豆腐羹」即用豆腐花來炮製，嫩雞肝蒸熟切粒，芋頭蒸熟切粒，然後與豆腐花同煮，加火腿屑。家廚無上湯，唯有靠火腿吊味。

這個菜，王亭婆不識煮，因為難在雞肝粒粒完整，不變一塌醬，若變成雞肝醬時，吃相便非常形容難看。

當年每於春夏之交吃這個菜，吃時自然「用瓢不用箸」，用來下飯，頃刻便盡一碗。現在想起來，或真是「王太守八寶豆腐」的脫胎。

從前的人惜物，將「八寶」簡化，然而仍師隨園遺意，於是便自認乃隨園名菜矣。本意並非鑿大，只是從儉。

炮製這個菜，必須用豬油，否則不香。所以相信今日香港人大概對此會覺得心驚膽顫，既用雞肝，又重落豬油，膽固醇多多，慘過砒霜。然而王亭之卻食指大動，特別是看過《隨園食單》之後，食指成晚跳跳扎，於是忍不住推醒王亭婆，叫她試一試手勢。

翌日，王亭之特意推卻一切應酬，決心留在家中晚飯，上枱的竟是蝦醬芋頭魚片豆腐羹！問王亭婆，王亭婆曰：「你想雞肝容易買耶？買不到，用魚片囉！」王亭之奇怪，袁子才當年為何偏偏要收女人做弟子。

王亭之家廚年夜飯

有讀者云：「已多年未見亭老談年夜飯矣。」粵曲界及中文教育資深老師鄺華基，更一再表示，不見王亭之談飲食，若有所失。

說句老實話，王亭之家的年夜飯，實在水準已十分低落，蓋王亭婆年事已老，老則怕煩，菜式務求簡單，是故今年的年夜飯菜單，實在難登大雅之堂，有些菜式名稱好聽，然而實無非簡單製作。菜單如下：

爵士湯（老雞、豬腱、火腿、響螺頭煲蜜瓜，凍水落肉，水滾後落蜜瓜）

豉油皇煎大蝦（可以落喼汁或橙汁，隨各喜好）

雲片白肉（焓熟五花腩，切薄片，愈薄愈好；火腿燉熟，切片，與肉片雙拼上碟）

蝦子葱燒遼參（遼參發水時，不能有半點油，否則於燒時卸身。葱要多用葱白）

生菜鯪魚球（市場賣的鯪魚滑十分冇料，買回家後要加蝦米及臘肉）

薑蓉白切雞（薑蓉的製法看似容易，實際上調味要講究，鹽、糖、味精，用量要合口味；葱則要葱白）

甜品：酒釀湯圓

這個年夜飯菜單，勉強叫做成一格局，但兩個人製作（王亭婆與品姨），已足忙夠一整天。讀者如果人手不足，可以將爵士湯改為「蓮藕煲豬肉」。人少，則減去「雲片白肉」與「蝦子遼參」。小孩子吃慣年夜飯，自然懂得敬重歲時，尊重中國文化。

如何打邊爐？

天氣已寒，王亭之打過三次邊爐，不幸卻無一次滿意。打邊爐其實是「生鍋」，現在卻稱為「火鍋」，實在錯誤，難怪邊爐完全走樣。

如今的邊爐，似乎以牛肉與海鮮為主。王亭之對此莫名其妙。牛肉倒也罷了，雖非打邊爐的正宗，卻還可以容忍，最離譜的是，竟然有水蟹與帶子，可謂完全不知飲食之道。

螃蟹最不宜用水滾熟，如果適宜，就不會有「老爺煲蟹湯」的笑話。大閘蟹一定要加紫蘇、薄荷隔水蒸之，「隔水」也者，即斷斷不是放落水中來煲來滾也。急凍帶子只宜武火炒熟，連用文火加葱蓉來蒸尚且不宜，否則鮮味全失，是則尚豈宜打邊爐耶？

可是，市面上賣的「海鮮鍋」卻偏偏犯此大忌，香港飲食業尚自稱有飲食文化，要命至極。

這還不算，更要命的是「海鮮鍋」用「沙嗲」去燙。沙嗲只宜用來調肉類之味，而且不登大雅之堂，廣府邊爐自有其清鮮之妙，何必學開冷氣打邊爐的南洋人耶。

打邊爐絕對不必「上湯」，白開水，滾鯇魚頭尾及脊骨，加點大豆芽菜，落鹽，落豬油，便是上好的打邊爐湯料。

但現在市面上賣的火鍋，卻連熟油都欠奉，瘦物之至，可是卻自稱用的是「上湯」，實無非加色的味精水耳，油水不足，便無論牛肉或海鮮都為之失色，不如蒸之炒之為妥。所以無論由邊爐料到邊爐湯，可謂一無是處，而食者甘之，王亭之為之大惑不解。

如要打一次地地道道的邊爐，王亭之還是主張用雞蛋、熟油或豬油，加老生抽拌勻來做醬料，另備芥辣及辣油隨物施用。

至於邊爐料，豬肉不可少，牛肉、羊肉均可；鯇魚片不可少，鱔片亦可，切不宜用石斑切片，因為纖維太粗；可以用蝦不可用蟹，魚球、豆腐宜多，如是即夠和味。

秋風時節談食蟹

一

王亭之初嘗大閘蟹風味，乃上世紀四、五十年代的事。偶然經過蟹檔，小販叫到力竭聲嘶，而買者依舊寥寥；因為廣州師奶怕賣相，看見大閘蟹兩隻似乎黏滿泥漿的生毛蟹鉗，便早已敬而遠之。王亭之過去問價，小販如獲救星，不答價錢，卻教王亭之如何烹調。此小販的確是內行人，居然懂得教王亭之吃蟹之後飲薑茶，可以辟寒。

這一次吃蟹的印象，並不甚佳，因為蒸蟹的人蒸慣河蟹，故無論王亭之如何吩咐，依然照老辦法，將大閘蟹切段來蒸，而且清洗內臟，卻不知大閘蟹的肥膏不全在蟹殼，給他一洗，腹內肥膏盡去，可謂煮鶴焚琴之甚。

後來在一位道地浙江人家中吃大閘蟹，其時物資供應已經緊張，連浙醋都僅存其名而失其實；但由於火候適中，所以仍然可以在調味品惡劣的情形下，吃到一頓好蟹。

不過說實話，雖云蟹好，但王亭之卻依然認為不及河蟹中的「黃油奄仔」[3]。這樣說時，視大閘蟹如命根的人一定抗議，而且還可以舉出許多「名人嗜蟹」的例，駁王亭之老土之

3「黃油奄仔」是廣府人專稱一種河蟹的土語，因為蟹身不大，是故稱之為「仔」。凡物小者，廣府話都稱為「仔」。

言。只是王亭之卻覺得他們一定未吃過黃油奄仔，若吃過，最少亦會認為一時瑜亮，難分伯仲，未必非尊大閘蟹為蟹霸不可。

二

大閘蟹可食之處，在膏而不在肉。雖然許多師奶妙手食蟹，可以一邊食一邊擺，蟹食完便亦擺回一隻空殼蟹，連蟹爪的肉都啜盡，令人嘆為觀止，似乎大閘蟹的肉亦非凡品，然而如此食蟹，只勝在好看，唯有一落手便啖盡肥膏的人，才算真知食味。

可比較的地方即在於此矣。大閘蟹的膏雖然甘鮮，但與黃油奄仔的黃油比，卻仍未免輸了一個滑字。甘鮮而滑，吃起來便有潤的感覺。故王亭之常作譬喻，大閘蟹乃風韻絕佳的徐娘，而黃油奄仔則屬豆蔻梢頭的少女。識食蟹的人，當可領會其間的區別。

不妨說實話，目前香港人之嗜食大閘蟹成狂，其實未嘗不是隨聲附和而已。人人都說大閘蟹好食，尋且推之為蟹中的貴族，於是乎便有壓力，令到感受不外如是的人亦不敢開聲，以免被人譏為土佬。亦正是在這種情況之下，才有許多人不相信自己舌頭的味蕾，寧願相信別人的稱賞，而自己亦極口稱賞之；這種食客，應該佔半數以上。

此外還有一重緣故，便是真正的黃油奄仔實在難求。王亭之求過一位蟹王，其人在一籠蟹中只揀到三隻正貨，居然還說幸運，在這種情形之下，於是乎就連移地飼養的所謂大閘蟹亦出盡鋒頭，而黃油奄仔則依然藉藉無聞。甚矣哉，宣傳之重要也。

三

飼養大閘蟹，在近年實屬生意眼。假如不養，則原裝者一定不足供應，蓋嗜之者，除了香港一群蟹狂之外，還有專程由台灣來香港食蟹的台灣師奶。王亭之食蟹，兩隻為限，這些師奶啖七、八隻蓋屬常事，就算將入口數目乘四，相信亦非將蟹種吃盡不可，更何況乘七乘八以到乘十耶。

養蟹的缺點，即使不論那些藥物的遺害，以蟹論蟹，蟹肉的鮮味亦大遜於野生。王亭之起初對此點亦懵然不覺，後來偶然吃過一次正貨，然後才回憶起從前的蟹味與如今的蟹味，二者果然有點差別，是則所謂一蟹不如一蟹耳。不信的話，不妨同時食一隻養蟹，一隻正蟹，便知養者實在欠鮮。此亦猶之乎海斑與養斑之別，只能用舌頭的味蕾作證，很難用筆墨來形容。

四

烹治大閘蟹，其實絕對不難。名店將大閘蟹抬高價格出賣，只賣揀蟹的工夫，絕不在於烹調。怎樣蒸，一次蒸不好，蒸兩、三次還怕蒸不好耶。甚至調味之道，亦手板眼見工夫。然而今人這種食蟹之法，在元代已見有文獻著錄。倪雲林的《雲林堂飲食制度》，便教人怎樣蒸蟹食蟹。由元代至今，幾乎八個世紀，而食法依然不變，足證天然勝於整治，化濃妝吃食大閘蟹的女人，於食蟹時最宜體會此意。假如認為化妝好，則不妨將大閘蟹用豉椒來炒也。一笑。

吃蟹必須稍飲酒，通常是飲「加飯」。然而這種酒的毛病是太甜。所以王亭之嘗開倪老二阿匡的玩笑[4]，贈其一聯云——

文章甜俗如加飯　人品鹹酸似減蘭

「減蘭」即是「減字木蘭花」，此調多情詞，王亭之故乃謂倪匡為「鹹酸」，實謗之耳。然而「加飯」卻其實不好，試過有一次，略飲「桂花陳酒」，風味似乎稍勝。但王亭之卻不敢以此作為定論，因為王亭之不識品酒，不敢冒充內行。

吃蟹之後，例飲山渣茶或薑茶，則以薑茶為勝，元人已然如此。片糖沖薑茶，滾熱而飲，飲後便有一道熱氣，由喉頭一直暖至丹田。若不夠熱，便難有此暖意。若承暖意，懶洋洋挨在沙發上，與三五知己清談誤國一番，蓋乃人生最大享受。

所以王亭之很希望有這樣的一次「蟹局」，找一家花園的樓館（其為澳門的盧九花園耶？）在園中烹蟹，既蒸大閘蟹，亦蒸黃油奄仔：既飲「加飯」，亦飲「桂花陳酒」。四周乃菊花與洋蘭，加上一兩株丹桂與金桂，三五知己閒坐其間，美人侍座，素手調醯，戒談政治，亦不許臧否人物，則此間樂，樂不思經濟危機矣，只誰人有條件作此東道主耶！

4 倪匡與王亭之同年，可惜遲一個月出生，所以唯有稱王亭之為王老大，王亭之則稱他為倪小二，他亦無可如何，縱然自大，亦無法改變生朝，倪小二以此為一生憾事。

蟹只宜蒸，實非小事

王亭之喜食蟹而不善剝蟹，所以除非有人伺候，否則便吃得很狼狽。由此之故，對「咖喱焗蟹」之類，凡芡汁愈多者愈不想吃。

此舉甚得隨園先生的遺意。他是乾隆盛世時的大食家，其時民豐物阜，飲食文化由是隆興，所以他的《隨園食單》，可以作為中國人飲食全盛時期的文獻。

袁隨園云：「蟹宜獨食，不宜搭配他物，最好以淡鹽湯煮熟。」

此言甚得王亭之心，蟹不搭配他物則清鮮，尤其是紅若珊瑚的蟹膏，只宜清蒸，食時蘸醋，除此則諸味皆不受。至於蟹肉，除非是急凍之品，否則亦以「獨食」為妙，加薑葱還勉強可以，若配以咖喱，則只能說是南洋風味。

然而袁隨園接下來，卻說了一句王亭之不中聽的話：「自剝自食為妙。」

隨園此言，吃工具齊備的大閘蟹尚可，若像如今的廣東酒樓，只供應一個鋼鉗，那就簡直是對「無腸公子」的侮辱。

由於蟹肉不受別味，所以「醬炒蟹」其實也是個今不如古的食制。這句話，上海朋友聽見未必開心，然而他們的清代大同鄉顧仲，在《養小錄》中，說「上品醬蟹」的製作，卻完全不是醬炒這回事。他說——

上好極厚甜醬，取鮮活大蟹，每個以麻絲縛定，用手撈醬，揾蟹如團泥，裝入罐內封

> 固。兩月（後）開，臍亮易脫，可供。如未易脫，再封好候之。食時以淡酒洗下醬來，仍可供廚，且愈鮮也。

這樣的醬蟹，連殼而醃，又不經火，食時還要用淡酒將醬洗淨，那就無非是保存螃蟹的方法而已，非用醬來整治蟹肉。若肉沾醬味，則失其鮮矣。

由於螃蟹有季節，唯以正、五、九三個月份的蟹始上膏，所以保存螃蟹的方法便很重要。《養小錄》還傳出一個秘訣，是為明代「南院子名妓」所傳。秘訣是，蟹公蟹母不能混雜放在一起，其言曰——

> 凡圓臍數十個為罐，若雜一尖臍於內，則必沙。尖臍亦然。

圓臍即是雌蟹，尖臍則是雄者，若混雜而藏，蟹黃蟹膏鬆散如沙。這秘訣出於明末名妓，足以證明，唯明末的名妓才有大量貯存大閘蟹的經驗。普通酒樓食肆，當造即賣，過造即罷，保存方式，恐怕便只有蟹粉一種。

香港有一家名店，從前出品的蟹粉甚好，不但鮮，而且香，王亭之怕剝殼，是故便常食其蟹粉。近年港人來圖麟都（多倫多）見王亭之，或有攜其蟹粉來者，則已大不如前，未知是否近年的大閘蟹已經改壞品種。不改良而改壞，愈改壞卻愈繁華，這便是一段飲食文化的末頁。

其實蟹粉的製作，到清代已發展得很完美。曾懿的《中饋錄》說——

> 蟹肉滿時（蟹肥時），蒸熟，剝出肉黃，拌鹽少許，用磁器盛之。煉豬油，俟冷定，傾入，

以不見蟹肉為度。……食時刮去豬油，挖出蟹肉，隨意烹調，皆如新鮮者。

這不是如今的「蟹粉」是甚麼？嫌豬油肥，其實也可以用麻油。當年王亭之的庶祖母盧太君，用黃油蟹的肉和膏來造蟹粉，即煎熟麻油來浸，貯存於密封的青瓷罐中，至第二年清明，取出來炒芽菜，造春餅以供祖先，尚鮮香無比，實遠勝於豬油。香港這家名店，大可以參考這製法，以適應今人怕豬油的心理。

談到這裏，可以一談蒸蟹了。

吃蒸蟹吃得最講究，無過於元代四大山水名家之一的倪雲林。如今的倪匡，不識飲食，其公子倪震雖遠勝其父，然而恐怕仍比不上其遠祖焉。倪雲林當時十分富有，又性耽書畫，於是便將其藝術氣質移入食制之中，其蒸鵝的食制，收入《隨園食單》，稱為「雲林鵝」，真是倪氏的光彩。

倪雲林蒸蟹的方法是這樣——

在蒸籠上先鋪乾荷葉，再鋪粉皮。熟蟹剔肉，用少許花椒拌勻，然後鋪在粉皮上。再用蛋漿和少許鹽，澆於蟹肉之上，蟹黃鋪面。如是蒸至蛋漿熟透為度。

看官，你卻別以為這樣就可以食了，如此食時，便不是倪雲林了。接着下來他說——

待冷取起，去粉皮，將蛋熟蟹切成「象眼塊」（即是斜四邊形）。然後將蟹殼搗碎熬汁，至濃時，加薑，搗碎，入花椒末，加少少芡粉，煮成芡汁。

這時，用熟菜鋪底，將蟹蛋塊放上，淋上芡汁供食。

這種食制，記錄在《雲林堂飲食制度集》內，其製作之精，令人嘆為觀止，然而卻無任何譁眾取寵的材料，真所謂「華而實」矣。其中用蟹殼搗碎取汁一事，簡直跟法國龍蝦湯之用龍蝦殼同一意趣。

如今這種食制，經過變化，便變成「蛋白蒸蟹」了。

今人忌蛋黃，所以蛋白炒飯，加幾絲江瑤柱，便叫做「濶佬炒飯」，其意以為「濶佬」怕膽固醇，殊不知此實寒酸之甚，連蛋香都欠奉，不如吃維他命丸。

然而如今的蛋白蒸蟹，卻略加少許紹酒，用意是去蟹肉之寒，此意未嘗不美，唯其連殼而蒸，又先將活蟹斬件，那就未免有失原味，其味唯求諸蛋白，然而蛋白卻有酒味，是則焉尚有乎蟹味也。是故濶佬食蒸蟹，應該學元代的大濶佬倪雲林。

至於清淡一點的蒸蟹，其名食制則為「橙釀蟹」，這是宋代食家林洪的名制。方法很簡單，將酸橙切蓋去肉，留其汁液，將蟹肉、蟹膏、蟹黃釀入其中，蓋上橙頂，入小甑缽，用酒、醋和水蒸熟。

當年這個食制，亦是家廚的拿手菜，只不過改稱為「橙盅」。其風味實遠非今日的蛋白蒸蟹可比。

蒸蟹聽起來是小事一件，然而在飲食文化豐厚的中國，豈真是小事耶。

金玉美食荔枝蟹

本篇介紹王亭之昔日的家廚妙製「荔枝蟹」。今且仍從蒸蟹談起，因為上篇談蒸蟹實意猶未盡，若區區二千餘字便已將蒸蟹説盡，怎能説中華飲食文化深厚也。

明代宋詡的《宋氏養生部》，有一條「瑪瑙蟹三制」，真可謂集宋元明三代蒸蟹法之大成，只可惜如今徵引飲食文獻的人，常將其説法弄錯，今且讓王亭之道來——

第一個食制是：先將蟹原隻蒸熟，拆肉，拆黃。用綠豆粉少許調水，加入蟹肉蟹黃之內，用手抓勻。然後加入牛乳餅同蒸。蒸好之後，剸成小方塊；再用原汁、薑汁、酒、醋、甘草、花椒、葱和成芡，澆熱芡於其上，供用。

這個方式，顯然脱胎於元代倪雲林的蒸蟹（這在上篇已談過了）。唯一的差別是，倪雲林用蟹殼搗碎煮汁，宋詡大概嫌煩，又或者以為蟹殼無味，於是不用，這就等如如今的西廚，煮龍蝦湯而不用磨碎的龍蝦殼，是必為法國廚人所見笑。

然而宋氏卻有一改良，即用牛乳餅來蒸蟹，而非用雞蛋。用牛乳有一好處，下面即將談及，如今且賣一個關子。

第二個食制説得很簡單，原文寥寥數字——

雲林唯調雞子；蜜蒸之。

現代食家查倪雲林的《雲林食制》，只見其「調雞子」（雞蛋）來蒸蟹，卻未見其用蜜糖，於是竊竊生疑，議論紛紛，卻其實這是倪雲林的另一食制，即生開蟹段，然後醃過蜜糖來蒸，倪雲林稱此為「新法蟹」，實有炫新之意，非飲食之正道，尤其他還於食時要用雞湯相佐，那就更應受隨園所譏也。

第三個食制寫得更簡單，唯曰——

用辣糊。

這便考起許多食家了，到底甚麼是「辣糊」呢？原來，這即是用芥末，亦即不用綠豆粉開漿，但用芥醬來代替。此於當日王亭之的家廚食制中，便稱之為「辣糊蟹」，「辣糊」二字原來起源甚早，是三百年前的叫法。

可是用芥醬卻須得其法，須先用醋調，然後再水調稀，煮熟，再澆於「蟹肉牛乳膏」的小方塊上。方塊須小，可以一啖便食，如須咬細，那便失味。

至於何以稱為「瑪瑙蟹」，那則因為是蟹黃與蟹肉和混，紅白相雜，顏色如瑪瑙之故。即使是「辣糊蟹」，稀的芥辣醬實亦不奪其瑪瑙之色，讀者一試便知。

讀者或疑，袁隨園已說蟹不受別味，何以卻又有許多花樣；此實不知，袁隨園所言，但說蟹不宜配搭以雞、鴨、河鮮等，非謂其不受芥醋鹽酒等配料也。即使用牛乳或雞蛋，亦能扶出蟹味。

於說牛乳之前，還想一說明人顧仲在《養小錄》所說的「松壑蒸蟹」。

顧仲很人道，螃蟹宜活蒸，一如今人蒸大閘蟹，即得其法。可是他卻想到螃蟹生蒸，未免太痛苦，故云——

活蟹入鍋，未免炮烙之慘。宜以淡酒入盆，略加水及椒鹽、白糖、薑、葱汁、菊葉汁，攪勻。入蟹令其飲、醉不動，方取入鍋。

這便即是所謂「松壑蒸」了。

附帶一說，這食制可能傳至日本。明代海寧一帶開始與日本交通，顧仲是嘉興人，是故便為人仿效；如今京都的和食亦有「松壑蒸」，不過卻只是蒸蝦，蝦亦先醉而後蒸，伴以香菇、紫菜、蘿蔔絲，是應得《養小錄》所說之神髓也。

然而用菊葉汁，才是這食制精華之處。菊葉汁微苦澀，但若與酒汁兑和，則苦澀轉而為菊香，而酒氣卻亦因而消失，此即謂之為醇。所以王亭之十分贊成「松壑蒸」的蒸法，認為實在倪家食制之上。

只是在蒸蟹時須要注意，這個蒸法，由於半醉的蟹已飲了一些酒和香料汁，如何於蒸時使其香醇依然保留，此中大有學問。秘訣是將蟹反轉才下蒸鍋，即是蟹蓋向下。如是蒸時，蟹肉即帶香醇，而且蒸好之後，螃蟹因受熱自然翻轉而其汁液則不過於外洩。

昔日香港中環的陸海通，大廚有學問，蒸蟹即懂得反轉下鍋。只是他不用酒來蟹微醉，只開猛水喉來沖，令蟹昏厥而後下鍋，是則不及「松壑蒸」之雅，蟹肉蒸好後雖能保持原味，然而卻少了菊酒之香。

現在可以說到用牛乳蒸蟹的好處了。這即是王亭之家廚的「荔枝蟹」。

蟹原隻蒸好，蒸前飲以菊花汁、淡酒，一如「松壑蒸」的做法，蒸熟後拆肉、拆膏。這時有汁流出，留下備用。

在蒸碟上，鋪上一兩層大良牛乳餅，將蟹黃鋪底，蟹肉鋪面皆在牛乳餅上。於是剝桂味荔枝七、八枚，放在蟹肉之上，荔枝去核，去核時留意不可失散荔枝太多。

整治既畢，於是放在蒸籠上焗。所謂焗，即非猛火去蒸，蒸鍋早已燒滾，連蒸籠上的紗布都熱氣騰騰，一放入蒸碟，蓋上蒸籠，即熄火，只讓水蒸氣去焗那碟蟹，如是蟹肉雖翻蒸亦依然嫩滑。

食時，去下面的牛乳餅及上面的荔枝不上碟。方法很簡單，只須取去荔枝，將碟反扣在菜碟上，那就變成蟹肉在底，蟹黃在面矣。

反碟之前，可以用先前留下的蟹汁，加荔枝汁略煮，澆在蟹肉之上。

這樣蒸出來的蟹，蟹黃有牛乳香，蟹肉則有荔枝香，真是人間金玉之食也。食時千萬不可用醋，否則即與荔香乳香相犯。

如此用牛乳，僅取其乳香而不用乳質，是故便勝於倪雲林之用雞蛋。雞蛋蒸蟹然後切成「象眼塊」，賣相雖骨子，到底不及淨蟹肉之原裝也。尤其是蟹黃沾上牛乳餅的香與味，對未食過的人，很難對他說得清楚。至於荔枝汁與乳餅相逼而成香氣，更不足為外道。

不過王亭之未品嘗過此家廚美食，亦已六十餘年矣，口福難享，廚人難得，雖知食制又有何用哉，有何用哉。

王亭之番邦食蛋

王亭之喜食蛋，這或者是在學校讀書時養成的習慣。然而今人卻畏蛋如山埃，弄到許多酒家飯店不敢用蛋做食譜。於是乎「桂花魚翅」之類，幾乎已成絕響，有之者，唯老式飯店而已。

在番邦，番人似倒不甚畏蛋。有一種「老年市民早餐」，供應六十五歲以上人士，有「雙蛋奄列」，蛋皮裏頭包着一些青瓜、番茄、芝士，味道殊不佳，只有蛋可食，其不畏蛋可知矣。

在香港時，王亭之講究，食蛋喜食「煎蛋角」，可用鮭魚蓉加葱白作餡，亦可用荷蘭豆仁炒肉丁作餡，唯二者皆必須多汁，蛋亦不可煎得太燶，最好是蛋角心還有些蛋漿，是為高手的製作。若「乾痴痴」，則會吃到舌頭「木鐸」。

煎蛋角當然比甚麼「奄列」有文化，蛋角尤貴小巧，咬兩口食完一隻最好。番人食奄列用刀叉，大大件亦可，只是切時難免有「散收收」的感覺，糊糊滑滑，豈如用筷子夾蛋角之乾淨利落歟。

蛋角之外，其實蒸蛋亦妙，貴在得其法而已。日本人的「茶碗蒸」，貴到飛起，只是用水蛋蒸一隻蝦、半片冬菇，細細碗反而認為名貴。這種蒸蛋的方法，其實是中國唐代的食制，蛤蜊連殼蒸蛋，便屬於這食制。蓋到了宋代，依然有用水蛋來蒸貝類與介類的習慣。宋人云，貝類與介類的精華在那一啖汁，連殼放在水蛋裏生蒸，那一啖精華就滲在蛋內，故認為既甘鮮且有益。日本人學到，用來蒸蝦，中國人愛食固未嘗不可，只是如果認為這即是蒸蛋食制的極品，就未免有點數典忘祖矣。

蒸蛋其實用鯇魚片最佳，可加葱白，不可加薑汁或薑絲，因為薑能破壞蛋味。用鯇魚片須先加調味醃過，連葱白一齊醃，然後傾入打好的蛋漿，以蛋兩份，水一份為合，旺火蒸五分鐘，再焗三、兩分鐘即可起鑊。千萬不可再加豉油、熟油在蒸蛋面，因為醃魚片已經有味。

在番邦無鯇魚片，試過用斑片，「木鐸」之極[5]，大廚建議用瑤柱粉絲蒸蛋，王亭之曰，瑤柱韌，水蛋滑，粉絲稔，咬口不對，不如爆香蝦米以代瑤柱，試之，效果甚佳。

王亭之亦試過一次「骨子蒸蛋」，蓋同枱食飯的人怕蛋黃，於是王亭之乃令廚師整一味「蛋白牛奶蒸蟹柳」。用牛奶，取調味之意而已，故不必份量太多，而且千萬不可用薑葱，更不可用豉油，以免影響色澤，代之以鹽水可矣。番邦的蟹夠大隻，拆出來有肉，故食之風味當不惡，只是嫌蟹肉太爽耳。

其實王亭之本來想用蟹黃蒸全蛋，此菜當年在怡保試過一次，蝦黃、蟹黃混合蒸水蛋，色如瑪瑙，賣相甚佳，且香與味均不俗，無奈膽固醇嚇死人，相信一定不會很多人有興趣。然而說老實話，蛋白牛奶蒸蟹柳，其實絕不如「瑪瑙蛋」之佳。這或者即是「一口針沒兩頭利」，又或者是愛長命就要損口福。至於王亭之則寧願要口福矣，只不知閣下的選擇如何？

5 韌而無味，謂之「木鐸」。此語亦見於元曲，傳來廣府，便成土語。

細說「王亭之糖水」

談到「王亭之糖水」，聽起來簡單，實際上並不容易製作，因此連王亭婆都弄不好，得王亭之傳授的阿一，有時亦會失水準。

現為廣傳普及起見，茲將製法公開，歡迎食肆及讀者私人炮製。製得好，請王亭之食即可，不收版權費。

材料：湘蓮、百合、龍眼肉、去核紅棗。

雖然只是寥寥四種，但成敗關鍵即在於選料，蓮子必須用湘蓮，百合必須用龍芽合，否則爽而不化；最須重視者為所用的龍眼肉，用得好，整盅糖水有香味。用劣貨，糖水便帶酸味，無法入口。紅棗當然要用雞心棗。去核不去皮，一去皮，便成為棗泥，糊糊滑滑，使整盅糖水失色。本來應該用桂花糖，不過王亭之已試過幾次，在國貨公司買的桂花糖太黑太雜，因此還是建議用冰糖算數。

燉的方法很簡單，一定要用燉盅，隔水燉，倘如像煲糖水一樣來煲，不如煲蓮子茶。燉的好處，是使蓮子、百合及龍眼肉的香味保持不致揮發。但須注意，龍眼肉本來已有甜味，所以落糖時就要輕一些手，否則甜甩牙，不關王亭之的事。

飯店酒家的製作，常常因貪圖省事，用大煲來煲，然後分盅上枱，如此即風味全失。

另外還有一個毛病，即當分盅之時，往往材料分得不均，一盅龍眼肉多，一盅紅棗多，那就非常之影響口味。

份量應該是蓮子佔六成，百合佔三成，龍眼肉及紅棗只佔一成，這糖水然後才夠骨子。

酥皮說油酥

酥皮有多少種？這問題並非人人能答。依王亭之所知，應有四種。一為油酥、二為擘酥、三為甘露酥、四為邪派反酥。

先談油酥。當年王亭之製作的小月餅即用這種酥皮來製作，稱為「宮廷月餅」，實非誇大，因為清室皇宮的確用油酥來製月餅。甚至蘇州一些茶食亦用油酥製作，這即是康熙南巡時由御廚帶來的食制。

油酥的特點是不起酥皮，咬起來但覺其鬆酥，但卻與層層酥皮的擘酥不同；多年以前，香港陸羽茶室曾有「冶蓉酥」應市，其「冶蓉」固為獨家製作，其油酥亦鬆香酥脆，故口碑甚佳，然而不知何故，已多年不上點心單矣。

油酥的製作甚為簡單，傳統但用一份豬油搓兩份麵粉（不可錯用筋麵），搓勻之後，擀成條形，將兩邊向中間摺合，即摺成三層，再擀薄，如是重複兩三次即可。這樣的油酥即等於暗中分層，所以焙焗之後雖不起酥皮，但已鬆酥，吃起來亦有咬口，故口感甚佳。

製油酥有一個小秘訣，那就是當混和豬油與麵粉時，要輕輕拌勻，搓麵粉與擀麵糰時，亦千萬不可大力，否則油酥就會生筋，吃起來有點韌，與油酥之酥相反。若吃一件餅，咬起來忽酥忽韌，自然是失敗之作。

甘露酥皮

甘露酥可以說是酥皮中的極品，它由油酥變化改良而成，是陸羽茶室的絕藝，現今雖流傳在外，但能製成好甘露酥皮的人仍少。

油酥僅用麵粉（發麵）和豬油混和而搓，甘露酥則不用豬油而用牛油，更加上砂糖與雞蛋，再加少許泡打粉。

何以稱為「甘露」？則因為先要將砂糖與牛油搓勻（不能用糖水混牛油），然後逐少加入已打好之蛋漿，用手掌磨擦，搓捏，直至牛油、砂糖、蛋漿全部溶化混和，成稀漿狀，其中並無任何細粒，這樣的漿是金黃色，有香甜味，故點心師美其名為「甘露」，一如現在流行的飲品「楊枝甘露」，亦無非以其顏色金黃而且甘香而已。

將發麵與發粉逐少加入甘露漿內，一邊加，一邊和勻，直至全部麵粉加入後，輕手將麵糰搓、揉、壓，至其軟滑而不黏手為止，其形狀恰如軟化的牛油。於是放入冰箱中，略為冰實，候用。

用時將麵糰擀成條狀，摺疊，再擀。如是三、四次，令其起暗層，即可用來捏製酥餅、酥盒、酥角。陸羽茶室著名的棗泥甘露酥，尚能如人意，是為甘露酥的推廣。

擘酥與反酥

所謂「擘酥」，即是蓮蓉酥、豆蓉酥之類酥餅的皮。這類酥餅如今已多作為嫁女禮餅，平時很少有人買來吃。不過奇怪，將「擘酥」反過來的「反酥」，餅家本來視之為大錯，可是反酥老婆餅卻賣到街知巷聞。

擘酥的製法是用兩種皮摺疊而成，一為「水皮」、一為「油皮」（亦稱為「油心」），用時先將「水皮」按薄，然後將「油皮」按成圓形，放在「水皮」中心，再將「水皮」包覆「油皮」，於是用棍將之搓揉，直至麵糰光滑為止，隨即將之擀成長條，灑上粉坯，又將兩端向中間覆入，成為三層。如是重複三、四次，麵糰已摺成十多層，便可用來做餅。

這樣造出來的餅，一經焙焗，便自然分層，由於是水皮包在油皮之外，所以酥皮不會掉下來，吃時餅皮餅餡可以一齊吃，只是層層酥皮擘開，是故稱為「擘酥」，蛋撻亦用擘酥造皮，故有「擘酥雞蛋撻」之名。

倘如錯將油皮放在外面，水皮給油皮包覆，那就是「反酥」，吃時層層酥皮掉下，只能吃到餅餡，故一向視為酥餅的大忌。

可是香港人卻錯將「反酥」認為夠酥，酥到餅皮掉落，由是便使一家賣老婆餅的字號成名，從此凡老婆餅必用反酥皮，那不知是錯有錯着，抑或是香港人不精於飲食，不計較跌到滿地餅皮。

第肆章 回憶的味道

磨磨乳及冬瓜羹——燕窩食制雙璧

說起來也真折墮，王亭之自出娘胎，除母乳外，第一口食品便是燕窩。這是拜先庶祖母盧太君之所賜。她喜吃燕窩，早點、消夜，常是燕窩食制。所以自王亭之懂事以來，記憶猶深之事，即是拒食燕窩做早點。先母因此每笑謂王亭之曰：「你未戒奶就食燕窩，食厭啦！」這碗由阿太近身阿瑞婆送過來的燕窩，因此也就常成為先母的小點。

不過有一種燕窩食制，王亭之卻百吃不厭，那便是「磨磨乳」（讀音為「磨磨於」）。那即是如今阿一鮑魚首創供應的甜食，名之為「杏汁燉官燕」。蓋王亭之喜甜食，那時的世界沒有如今那麼講究，人不忌糖，亦不會認為少油、少鹽、少糖便是健康，是故王亭之有口福，先庶祖母的小廚及先母的小廚，日日供應甜湯，例如曾風靡省港澳一時的「王亭之糖水」，即是王亭之童年時的睡前點心。此最為王亭之所喜，猶勝於「磨磨乳」焉。

名之為「磨磨乳」，是王亭之的天才創作。那時王亭之大概三、四歲，見先庶祖母的工人用小青石磨來磨杏仁，知其用來燉燕窩，故乃稱之為「磨磨乳」。這個名字傳入先父紹如公耳中，甚為欣賞，乃於讌客時介紹，一眾長輩由是皆知此名，謂這名字實在有點童真而且古意盎然，於是開始有長輩主動教王亭之詩詞。真的可謂由飲食而文化也矣。

說起阿一供應的杏汁燉官燕，實在也有一個小掌故可談。

當年阿一鮑魚初成名，鄧肇堅二叔爵士最捧場，每週一日，於富臨二樓設席，這二樓是私家地，故唯有此一席客。王亭之有時亦應邀作陪食之客，同席的梁太一見王亭之識底細，因為先父紹如公去世時，先母向她訂壽衣，上下底面十三件，全金繡花，那是她做壽衣生意以來最大的一筆生意，由是記得大主顧的姓，一見王亭之，談起姓氏：「哦，言火火談，六爺是你貴親？」答曰：「是先父。」梁太因此如數家珍，向同席說及王亭之那點想起來就可憐的家世。有此淵源，每設席梁太必邀王亭之，邀得多，總要去三幾次。

其時流行最沒有文化的燕窩食制，是「椰汁燉官燕」，二叔最怕食，因此阿一即改供應以蓮子紅棗燉官燕。王亭之食到厭，厭其味寡，於是教阿一做「磨磨乳」。一上席，闔席極口稱賞，從此「杏汁燉官燕」即成為富臨飯店的口碑。鄧二叔言：「此糖水可以配得起阿一鮑魚矣！」王亭之於是感慨萬千，童年時的家廚小點，於幾十年後，忽然成為香港名貴食制，此間人事滄桑，真的可以寫成一本小說。就拿「磨磨乳」來貫串兩個時代、兩個世界，未嘗沒有點意思。

然而於前代諸食譜中，卻真的找不出有相似的食制，連慈禧這老婦吃燕窩，都唯只食鹹，可謂不識燕窩的甜頭。

實際上燕窩亦非容易造成一味好菜，茲抄錄《隨園食單》中「燕窩」一節如下——

燕窩貴物，原不輕用。如用之，每碗必須二兩，先用天泉滾水泡之，用銀針挑去黑絲。用嫩雞湯、好火腿湯、新蘑菇三樣湯滾之，看燕窩變玉色為度。

隨園之意，或指用嫩雞、火腿、鮮蘑菇等三者煮湯，非謂有一「新蘑菇三樣湯也」。

續云——

此物至清，不可以油膩雜之；此物至文，不可以武物雜之。今人用肉絲、雞絲雜之，是吃雞絲肉絲，非吃燕窩也。

這就真是行家的說話了。所謂「文」，是指燕窩質地柔軟；所謂「武」，是指有咬口的食料。是故雞絲燕窩即犯此忌，雞絲有咬口，故曰「是吃雞絲，非吃燕窩也。」磨磨乳即無此弊，蓋杏仁乳唯是液體，相比之下，燕窩反而「武」一點，是故吃磨磨乳才真的是吃燕窩。然而食制之中，「文武配合」一向艱難，廚人多犯此弊，例如「瀾佬炒飯」。

此「瀾佬炒飯」，用瑤柱絲加蛋白來炒，蛋白質地文，瑤柱絲則質地武，二者居然混合起來，咬口不對，真的不知所謂。一定要用，其實應該先將瑤柱撕絲炸脆，加於炒飯面，如今的「瀾佬炒飯」，於王亭之童年時，大概只能算是下人之食，以其寒塵實甚，毫無氣派。

言歸正傳，再說隨園之言——

且徒務其名，往往以三錢生燕窩蓋碗面，如白髮數莖（廣府音「敬」，絕不用千年前的洛陽音，讀為「亨」），使客一撩不見，空剩粗物滿碗，真乞兒賣富，反露貧相。

隨園之言，令人想起今日酒席的「雞絲翅」，亦「白髮數莖」摻入味精湯中而已。再聯想及一些新派粵菜，愈感覺「乞兒賣富」已成食肆風尚。是故香港經濟衰退，早有兆頭，此即由民風日用可預測一城市之興衰，其中哲理甚深，非迷信也。

續云——「不得已，則蘑菇絲、筍尖絲、鯽魚肚、野雞嫩片尚可用也。」

用如此作料，尚認為勉強，隨園老人真令如今電視台的廚人愧死。

然則，燕窩應如何整治耶？隨園云——

余到粵東，楊明府冬瓜燕窩甚佳。以柔配柔，以清入清。重用雞汁、蘑菇汁而已。燕窩皆作玉色，不純白也。

這即是隨園老人認可的食制，他以為是「重用雞汁、蘑菇汁」，王亭之卻認為，楊明府其實當時已用上湯。粵廚用上湯的歷史，可以上溯至明代，於此不贅。

上湯冬瓜蓉燴燕窩，的確可以說是一味配搭合理的好菜，而且瓜蓉易入上湯味，由是食燕窩時亦不覺其味寡。這菜式其實不難整治，只須用上湯推好冬瓜蓉，再另燉燕窩連湯加入，或者可稍加茶腿蓉。可是，如今卻偏偏無一食肆肯如是製作，卻又說食在香港了。

由是可知，燕窩食制，實以磨磨乳及瓜蓉燕窩為雙璧，一甜一鹹，更無有可以上之者矣。謂余不信，讀者可以出示更佳的燕窩鹹甜食制，王亭之喜吃燕窩，當合什為謝焉。

三種酥魚見舊新

王亭之一向認為，食制本來就不斷改良，此乃歷史事實，故實在不必因出一兩個新菜，就稱自己為「新派」。若更藉此取巧，刻薄顧客，那就是「奸派」而非「新派」耳。所以對於那些有膽説「新派粵菜當然好」的公子，王亭之不敢懷疑他的人格，只懷疑其舌頭的味蕾是否已經舐到平鈍。

王亭之不妨又舉一個例子。昔日家廚有名饌，乃「酥鯽魚」。先庶祖母的近身阿瑞婆最擅製此，乃蘇州菜也。其法為將小鯽魚治淨，走油，乃可入盅。盅底先鋪一層葱，鋪一層魚後，又鋪一層葱，如是梅花間竹鋪妥，最面一層仍為葱段。

乃加清醬、糖酒少量，復加豬油或麻油，須過葱面，用紗紙將盅封好，入鍋隔水燉，火須慢，更忌明火，唯用悶火，燉兩小時許，即可供食。食時去葱段，將魚小心排入大青花碟，另加芫荽、葱白上，澆以原汁。

這種食制，乃清代食譜《醒園錄》所載，「酥魚」的改良。酥魚不只用鯽，凡魚皆可用，且不去鱗，不破肚，亦不走油，醬汁不加糖酒。相比之下，自以王亭之家廚所製較精。

不過《醒園錄》的「酥魚」，卻又自元人食制脫胎而來。元《易牙遺意》有「酥骨魚」法——「大鯽魚治淨，用醬、水、酒少許，紫蘇葉大撮，甘草些少，煮半日，候熟供食。」

此種食制，自然不及《醒園錄》之精，蓋用煮而不用燉也。用燉則不能用大魚，故改為小魚，然而猶未知先走油之法。對此三種酥魚食制深思，然後始知「新」為何物，其決非擺碟工夫可知。

想起蝦油

王亭之愈忙愈思美食。筋疲力倦，飽啖一餐好菜餚，便可以不睡覺，再做一餐死者矣。近日事忙，所以一提起筆來又想到飲食。

《隨園食單》中有「蝦油」一味，視為調味的珍品。法曰：「買蝦子數斤，同秋油（抽油）入鍋熬之。起鍋用布瀝出秋油，仍將布包蝦子，同放罐中盛油。」實際上即是蝦子醬油。

近年來不知如何，蝦子已成珍品，好的蝦子醬油，照王亭之所知，僅鄉村飯店有供應。王亭之每至，一定叫一碟白肉，貪的就是其蝦子醬油。

記得鄉村飯店初開，蝦子醬油的味道極美，後來的水平便有點起伏不定矣。王亭之知道，此蓋跟蝦子的貨源有關。沒有好蝦子就是沒有，一流廚娘亦會給貨源弄得束手無策。該店無人識王亭之，王亭之不必放鱔。

王公館昔年蒸魚，用雞油蝦油。蝦油取其鮮，雞油則何以辟腥。聞說如今香港的蒸海鮮，其醬油已用味精。想到蝦子的價錢，以及貨源供應不定，王亭之唯有原諒廚師。

事實上正宗的蝦子醬油，食時不見蝦子，因為蝦子僅用來浸醬油，不必上碟。所以蝦油愈陳愈好味。說起來，鄉村飯店的蝦油連蝦子上，尚未夠《隨園》地道也。

王亭之因此又想起一種吃「白煮肉」的肉醬，有如現在的豉油精，用來蘸白煮肉，鮮甘之極，又無麵豉之類的醬味。

當年這種肉醬，文德路口的致美齋有售，亦唯致美齋的最好。據說是用大鍋熬蝦子醬油時的渣滓，配合靚豆腐製成，不知確否。

餘春尚有微寒，最宜食白煮肉，食白煮肉非有好的調味不可，因此便想到醬油與肉醬。所談的話題，在香港美食家眼中，自然非常之寒酸。百數十元家常菜餸，是受香港飲食文化所淘汰者也。因為文化即是銀紙。

金華火腿今昔

於醃臘諸品，王亭之最喜火腿。火腿有二：一為雲腿，一為金華腿，又以後者為佳。王亭之食雲腿，僅在「文革」時代，火腿缺市，僅偶有罐頭雲腿供應，食之亦聊勝於無耳。

清朝詞人朱彝尊，嗜飲茶，亦為老饕，著有《食憲鴻秘》，全書體制，略仿隨園，書中載有「金華火腿」一則——

「用銀簪透入內，取出，簪頭有香氣者真。」此乃驗金華火腿的方法。王亭之無銀簪，但尚有銀牙挖，曾以法驗今之金華火腿，但偶有微香耳，而雲腿及維珍尼亞火腿則絕無，因今之金華火腿，製作亦大不如前。

其醃法——「每腿一斤，用炒鹽一兩。草鞋搥軟，套手，恐熱手着肉則易敗，只擦皮上，風三五次，軟如綿。看裏面精肉鹽水透出如珠為度，則用椒末揉之，入缸，加竹柵，壓以石。旬日後，次第翻三五次，取出，用稻草灰層疊之。候乾，掛廚近煙處，松柴煙燻之，故佳。」

如斯製作，可謂全屬手工藝，用炒鹽擦豬腿皮，以及用草鞋搥豬腿，此兩項作業，今人很難不偷工減料。至於用松柴煙燻，想今人更不如是，因此我們今日吃到的，大概便只是「新派火腿」耳。難怪銀簪插入，香氣都無。

好的金華火腿，只須在飯面蒸，即有香味，而鹹淡亦適中，不必加其餘配搭。若不佳者，即切絲放在上湯之內，亦僅鹹而不鮮，故今日之上湯，必非用牛肉不可，不能專恃火腿。

由歐外鷗想起獅子頭

香港中文大學教授小思，給王亭之寄來一疊歐外鷗[1]的詩文影印稿；她說，不知道王亭之跟歐外原來有深交，如今知之，是故便將他後期在香港發表的作品，影印寄來。人真的要講緣分，歐外於五十年代在廣州，跟王亭之隔一兩天便見，想不到他重來香港時，王亭之卻已躲到夷島。夷島雖長天廣濶，可是卻跟外地消息隔絕，是故便不知歐外來港的消息，一直到他客死紐約多年，然後才由小思傳來零星的資訊。是則早期緣分何其厚，而後期緣分何其薄也。舊交一別垂四十年，讀其遺篇，猶彷彿煙茶燃暖，而故人安在哉。

於是由歐外便想到獅子頭。

大概是五五、五六年，南天王陶鑄請客，請的都是文化人，歐外坐在王亭之鄰座，他的煙絲一斗一斗抽，王亭之的香煙一根一根燒，深談款款，旁若無人。那時歐外便跟王亭之談起台灣的詩，從此便相往來，不久漸成莫逆。在當晚席上，兩人所共同欣賞的，是蘇州名廚製作的獅子頭，襯以上湯燴豆苗。

說真話，自那頓筵席之後，快五十年了，王亭之即從未吃過可與其相比的獅子頭。在香

1　歐外鷗，原名李宗大，為上世紀三十年代至七十年代的著名詩人。解放後在廣東省委宣傳部工作，其後退休，晚年移居美國。

港、在台北，名飯館的獅子頭都不是那麼一回事，如今在圖麟都（多倫多），更加氣死人。有一家館子，號稱一級國家名廚主理，用蟹粉獅子頭來號召，菜一上枱便知受騙，顏色慘白，粉漿淋漓，真有點像脂殘粉褪的女人在做「非騷」（facial）。果然一吃進口，泡如豆腐，肉味全無，真難為那位廚師，居然可以弄出這麼難吃的獅子頭來號召。問其特色何在？店中人云：「夠滑，無人可比！」王亭之才知道廚師的用意。

其實獅子頭這款菜餚的歷史，可以上溯至三千年前，一直未聞以鬆泡取勝，今始得嘗以鬆泡為滑，飲食文化云乎哉。

約三千年前，這款菜叫做「擣珍」。香港中年以上的師奶應該最熟，她們出嫁時，大門兩邊一定貼上副喜聯云：「敢謂素嫻中饋事；也曾攻讀內則篇」，這「擣珍」便出於她們讀過的《禮記．內則》文云——

擣珍，取牛、羊、麋、鹿、麕之肉，必脄；各物與牛若一。捶，去其餌。熟，出之，去其皽，柔其肉。

如是即是當時稱為「八珍」之一的美食。王亭之雖非女界，但亦也曾攻讀《內則》篇，不妨向未讀過此篇的男士解釋一下，以免他們給太太恥笑。

選用牛、羊、大角鹿、鹿、獐的「脄肉」為原料。脄音梅，即廣府人熟悉的「脢肉」，亦即脊裏肉，全瘦無肥，肉味至厚。「各物與牛若一」，即是可任選一種肉，但通常用牛肉。

用木槌將肉捶爛，一如今人之製牛丸。一邊捶，一邊挑去筋腱。至捶到足夠時（即是熟，並非蒸熟），再除去肉膜，然後揉搓成形。

這便是最古老的肉丸製法。今日潮州人之製牛丸，尚將三千年的古法保存。只可惜如今在超級市場買回來的凍貨，去筋去膜的工夫給省去了，便加上胡椒亦腥羶無比，端的不丟潮州人的面子。

潮州保持着《內則》的食制，可是此食制流傳至蘇揚二州，便改良而成為獅子頭了。又或者，當日的「擣珍」是揉成獅子頭那麼大的一個丸子，肉也沒擣得如今潮州那麼爛，若如是，事情便得倒過來，說是蘇揚二州的人保持了《內則》之遺風，而潮人則有所改變。總而言之，「擣珍」一定是老祖宗，後裔分成兩支，一是蘇揚獅子頭，一為潮州牛肉丸，而萬變皆不離其宗然。

照例翻一翻《隨園食單》，居然不見獅子頭之名，只有「空心圓子」一條云——

> 將肉捶碎，郁過，用凍豬油一小團作餡子，放在團內蒸之，則油流去，而團子空心矣。此法鎮江人最善。

此亦有周代的遺意，不過花巧一點，製成空心。然而亦不可謂其純屬花巧，倘用脢肉時，嫌太瘦，則加豬油為餡亦未嘗不是善巧之法，肉不肥則欠滑，加生粉則太潺泡（散爛），是則由滲出來的油任肉吸收，用意其實甚美。

然而獅子頭卻可以不用豬油做餡，因為它先炸後蒸，於炸時早就吸收了油。

《隨園食單》又有「八寶肉圓」一則云——

豬肉精肥各半，斬成細醬。用松仁、香蕈、筍尖、荸薺、瓜薑之類，斬成細醬，加芡粉和捏成團，放入盤中，加甜酒、秋油蒸之，入口鬆脆。

家致華云：「肉圓宜切不宜斬，必別有所見。」

袁子才的本家袁致華，的確比袁子才內行，「宜切不宜斬」，的確是製肉丸子的秘訣。像他那樣，甚麼都「斬成細醬」，肉汁損失過甚，難怪便只能「入口鬆脆」。

如今讀近人編寫的食譜，甚麼「八大菜系」、「國宴食單」之類，一律以袁子才為師，教人整獅子頭，便純用「剁」法，斬成肉醬然後整治，他們似乎都不肯聽隨園本家致華先生的話。

王亭之記得，當年庶祖母盧太君吩咐廚人整治獅子頭或「麒麟蛋」（此乃王亭之家廚美食），都必吩咐：「不可剁爛」，是即將肉細切成粒，而且還須切得齊整，然後才能將筋切斷，不致拖泥帶水。切後用刀背略剁，加鹽或秋油（生抽）調味，或略加葱汁，便可搓成肉丸，倘若加點爆香的大地魚末，當然更加惹味。千萬不可學袁子才加菇粒、松仁之類，吃起來大剎風景，令肉丸不夠滑。

故知「肉宜切不宜斬」，實在是製獅子頭的秘訣。這秘訣之發明，當勝過《內則》的「檮珍」。不過檮珍和潮州牛丸是用木搥來捶，而非用刀背來剁，是故肉汁不致過分損失，此亦當不成為用刀爛剁者的藉口。

製獅子頭還有一個秘訣，那就是肉裏要少加芡粉，寧願搓肉丸時，將芡粉搽滿雙掌然後搓，是則肉必不漏泡（散爛），否則便有如吃爛肉。

就整治一個肉糰子那麼小一件事，三千年已經多少變化。王亭之隔別歐外才四十年，四十年跟三千年相比，實不算遙遠。今日且懷念那三千年前的檮肉丸，以及那頓南天王美食，還彷彿見歐外叨着煙斗的樣子，王亭之於是有寫詩的衝動。

老太麵撈與XO醬

事情得從八十年代中說起。那時王亭之應半島集團之聘，替他們策劃酒樓。當時計劃開四家，由王亭之命名，分別為亭臺樓閣。先開的一家是環龍閣，第二家是嘉麟樓。

嘉麟樓由於開在半島酒店，非同小可，主事人跟王亭之商量，於是推出三個新品種。第一個是「加官晉爵湯」；第二個是「炸奶黃包」；第三個便是所謂XO醬了。

叫做XO醬，是由於當時有兩三套電影都以XO命名，風行一時，於是就有人建議其為XO醬矣。事實上這種醬本來亦沒有名字，王亭之家廚只稱之「老太麵撈」。老太指王亭之的庶祖母盧太君，她是蘇州人，喜歡食麵，這種醬是吃麵時的拌料，稱為「麵撈」。

庶祖母的麵撈源自蘇州的八寶醬，不過大加改良，作拌之精已遠遠超過傳統的八寶醬。

造醬是我國天才的發明，三千年前，《周禮．膳夫》就已經提到醬。那時的醬肯定包括肉醬，稱之為「醢」（音海），《爾雅．註》：「以肉作醬曰醢」。老太麵撈即得其遺意。

到了漢代，肉醬已經製作精美。桓譚《新論》有一個小故事：有人得食肉醬，覺得十分美味，不想跟人分食，於是便故意濺點口水沫在肉醬裏，人厭其唾沫，其人便得獨食。

若非肉醬極為美味，則其人雖粗鄙，恐怕亦不會出此陰損的招數。只可惜當時肉醬的製法未見著錄。

北魏時的《齊民要術》倒記錄有肉醬的製法。其時距漢代已約五百年，所以相信已跟漢代的製法不同。他的製法是，任取牛、羊、獐、鹿、兔的鮮肉，去脂與筋，細細剁碎，然後加入曬乾的麴同蒸，再篩去粗末，與蒸熱的黃豆入鹽和勻，貯入甕中，埋入黍堆內候十四日，即可取食，但須注意是否已盡除麴氣，若麴氣未盡，發酵便不透，應再埋藏一些日子。蒸熱的黃豆，當時叫做「黃蒸」，再加麴埋藏發酵，那便有如今時的豆瓣醬。今時的XO醬，恰恰便是以豆瓣醬為主要材料。

XO醬所用的肉與葷，當然比北魏時的肉醬更講究得多。其所用肉，只用金華火腿蓉，可是所用的海葷卻多式多樣，江瑤柱絲、大地魚末、蝦米末、蝦子，均在蒜油中爆香候用。所謂蒜油，即是用蒜末爆油，然後濾清蒜末不用，只用清油，這是製作XO醬最大的秘訣。若用普通熱油，則香味盡失矣。

其實當年的老太麵撈，是用豬油末爆蒜油，煎豬油剩下來的豬油渣，亦研為細末，作為肉料用於醬內，如今的人一定認為不健康，所以半島當日的XO醬已經有所更改，非復當年老太麵撈矣。儘管如此，食者依然認為美味，至今已風行，甚至有廠家出品製作，材料當然亦大打折扣。若能食到當年的原裝老太麵撈，說不定有人便會學《新論》所說的粗人，要在醬中濺口水沫。

回頭再說XO醬，爆好蒜油，即用蒜油來爆四種辣椒，即是：四川黑椒乾、四川紅椒乾、廣西椒乾、指天椒。最好是分別爆，分別貯起候用。

用爆過四川紅、黑椒乾的油來爆豆瓣醬，以淡豆瓣醬為宜，可以加一點老抽與鹽，唯須於爆油之後去油，乘熱加入。

用爆過指天椒的油來爆潮州豆醬，不必加味，亦去油候用。所謂潮州豆醬，即是潮菜用來吃凍魚那一種。

用爆過廣西椒乾的油，加葱結、薑片再爆，此次用的油須適度，因為不再傾油。爆薑葱後，即加入種種前述候用之品同爆，即是火腿茸蓉，以及爆好的兩種醬。當年老太麵撈還於爆好一切作料，將起鑊時，加入桂皮細末，炒杏仁細末，不過當年半島的ＸＯ醬亦已經不用此兩種矣。商業製作跟家廚小製當然有所不同。

如今重提老太麵撈，不勝懷舊。尤其是吃到滿街滿巷的ＸＯ醬，不成氣候者多，益增孺慕之思，對庶祖母及其食制不勝懷想。

三款「太爺雞」

談到傳統與新派，亦可以「太爺雞」為例。傳統的太爺雞，用茶葉燻製。所用茶葉以「水仙」為正宗，水仙是巖茶，茶性溫和，茶香清幽，是故最適合作為燻製之用。

可能後來因為廣州人不喜煙燻，所以後來「太爺雞」便變成「加料豉油雞」。豉油雞用的香料普通，只是花椒（有人再加八角，但太嗆喉），太爺雞則用料複雜。「酒料」為紹酒、玫瑰露、加冰糖與鹽；「香料」為花椒、陳皮、丁香．羅漢果、桂皮；「味料」為老抽與生抽。這三種料，分次加入，因此製作工序便相當麻煩。

這種太爺雞給食客受落之後，傳統的煙燻太爺雞便改名為「茶香雞」，食者各適其適。可是新派的太爺雞卻將酒料、香料、味料混合，再減去陳皮及桂皮，甚至將冰糖改為片糖或砂糖，還有大膽到不用紹酒，只用玫瑰露者，於是風味盡失，結果受淘汰，只餘豉油雞或貴妃雞應市。其實太爺雞兼二者所長，給淘汰掉，十分可惜。

配料三種要分次序加上，十分有道理，酒料先下，雞肉先索其味；再加香料，則香料味不致搶去肉的鮮味，最後加味料，其實只多影響雞皮，雞肉受味不多。若一切混用，則一齊索味，這種雞尚焉有風味耶。

懷舊說「觀音堂湯」

這個悶熱天氣，最好的湯水是蘋果煲豬肝、豬粉腸，此湯有名堂，叫做「觀音堂湯」。澳門的觀音堂可以供應葷食。據說當年高劍父避戰亂移居澳門，有一段時期就是住在觀音堂，廚師即煲這個湯給他飲，高老師大為讚賞，於是廣邀留居澳門的畫友，如張純初師、司徒奇老師等，一致讚不絕口，此湯於是揚名。純伯將這個湯告訴家父，於是王亭之的家廚亦有此湯水。

舊時的畫人多阿芙蓉癖（吸鴉片），尤其是寫隔山派的畫，要撞水撞粉，撞完一筆，要等它乾，畫人就躺在貴妃床歎返口，然後再撞一筆，可謂十分滋油。有阿芙蓉癖的人多數暘乾，這蘋果湯對他們就十分適合。王亭之抽煙多，每日一百枝，因此亦喜歡這個湯水。

不過在圖麟都（多倫多）很難買到豬的下欄，如豬肺、豬腸、豬網油，所以唯有蘋果煲豬肝。豬肝煲老，老到起粉，蘸醬油熟油而食，其風味跟食豬肝粥的豬肝不同，各位可以一試，千祈不可以豬肝唯有嫩食。但豬肝亦很難買到，如想試此湯，需要預定。煲時記住要凍水落湯料，否則有酸味。

王亭之每飲此湯，想起先父紹如公及先師純伯，彷彿還見到他們飲湯後歎返口阿芙蓉的神態，往事如今已七十多年，真成清憶。

餅餌之憶

王亭之有北方人的血統，所以不甚喜吃廣東點心，説得更清楚一點，是嫌廣東點心有一個缺點，大多數只宜熱食，精緻者如蝦餃，大眾化者如鬆糕，都非熱食不可，一凍便沒有滋味。

可冷食的，唯有三數款餅餌。過去著名的尚有河南成珠雞仔餅、平江豆蓉酥、佛山盲公餅、大良崩砂，現在則剩下咀香園的杏仁餅與得雲的老婆餅可食。

然而比較起來，王亭之究竟還是對當年的蘇州茶食醉心。廣州賣蘇州茶食的有三家，最老的是芝蘭齋，後起者有蘭英齋與英蘭齋。

芝蘭齋的美食有桂花蜜貢、杏仁乾糧、合桃乾糧；蘭英齋以狀元餅、綠豆糕飲譽；英蘭齋馳名的則有佛手酥、菊花酥、桂花糖環，現在王亭之一想起這些餅食，尚不禁饞涎欲滴也。

有一次去高雄小遊，見餅家居然有佛手酥出售，立即買幾個回旅舍，準備沏一壺好茶，還原一下舊日的美夢；誰知一咬，竟發覺天下間有如此難食的糖餡，黑麻麻不知是甚麼東西，豈吃慣英蘭齋精製的棗蓉餡者所能想像。

蘇州茶食用糖用餡，都比廣州餅食為精。糖分桂花與玫瑰兩種；餡則多為棗蓉與豆沙，但卻令人百食不厭。

有人提到北京仿膳的豌豆黃，王亭之吃過第一天的仿膳，豌豆黃的風味確乎不俗，蒙主人好意，贈一盒回家，烹一壺鐵觀音品嘗，乃忽覺人生頓時美好起來，但後來吃「仿仿膳」的豌豆黃，便嫌粗而且孱矣。

夫，豌豆黃與蘇州茶食的境界，豈忌廉蛋糕所能夢見者耶。

香港原來有棗泥餅

王亭之寫了一篇文章，大談餅餌，並力數香港餅家之不重視棗泥，文章見報後，奇華餅家即遣人送蛋黃棗蓉餅三盒來，這餅家向以蓮蓉禮餅出名，但門市亦不售棗蓉餅，故王亭之得餅之後大怪，乃令桃麗絲電話查詢；據報，他們看見王亭之的文章之後，甚為不忿氣，所以才打聽王亭之的辦公地址，送餅來澄清云。

該餅家言，香港無棗泥在門市部出售，是因為香港人不喜棗泥，他們所製，只供出口美加，該地台灣籍的華僑則甚為喜食。

王亭之想一想，應該亦是事實。香港人只喜食蓮蓉，次之則為豆沙，若乎豆蓉，香港人已不喜矣，而棗蓉則確係外省人喜吃的餅餡，北方館有棗泥鍋餅，可證。

只可惜近來卻又被豆沙鍋餅代替，不知是棗泥來源缺乏，還是「香港化」的結果？

至於王亭之獨喜棗泥，連蓮蓉都置之第三位（第二位為豆蓉），則可能由於王亭之有北方人的血統，遠祖籍貫山東，後來移居瀋陽，百餘年前始居廣州，唯家中的飲食習慣尚有北俗也。

香港人不喜棗泥稍為澀口，不如蓮蓉之滑。但棗泥實宜細嚼，咬一口，細嚼數十遍，即有夾香滿口，甘而微酸，甚為醒神，與蓮子之香實各有千秋焉。但倘如一入口便吞下肚，那就真的有如囫圇吞棗，難得其真味矣。

說清楚一點，蓮蓉跟棗泥不同之處，在於蓮蓉可不必細嚼即有香味，棗泥則反是。香港人生活節奏匆忙，大概很少閒情逸緻去食餅矣。難怪便喜蓮蓉而不喜豆蓉焉。

上述送來的棗泥餅，餡甚好，油略少，屬於時代風氣不足為病，但得棗泥清香便已難得，餅皮如能由糖皮改為甘露皮，應該更可口。而王亭之誤認為香港無棗泥餅，亦合更正。

帶殼焗冬筍

食筍的季節很短，僅「冬筍」、「青筍」二造。冬筍食制可以很簡單，亦可以很複雜，並皆美妙。論簡單，則最簡單者無如「白焓筍」，將冬筍剝殼，原隻白焓，撈起切片，蘸熟油豉油而食，便如村姑素裹，份外嬌嬈，不必搽脂盪粉然後為佳麗。

如今介紹的「帶殼焗冬筍」，則屬於複雜的路數，則似大媽參加大「芬順」（function），必須飾以七寶，御晚禮服，然後「八卦周刊」才肯登她的照片。所以這味菜，絕對出得大場面，尤其是十零廿人的「蒲飛」（buffet），相當討好。

將原隻冬筍洗淨，不去殼，放入焗爐焗熟——王公館當年則係用炭火焙熟，然焙時已識得裹以香煙包的錫紙，非常摩登，已如今人之用焗爐。不過用炭火焙是手工藝。手工藝有手工藝的好處，便是可以斟酌火路將冬筍翻動，無焦燶之弊，焙時一室生香，尤多樂趣。今人有洋焗爐，當然應該用「科學態度」來「認識」，一如大專家之對「轉基因食品」。炭爐則「防礙人類進化」矣。

冬筍焙熟或焗熟後，候冷，小心解開錫紙，粗心則可能連筍殼都剝掉，失去本佳餚之特色。然後切去筍頭一片，再用尖刀由筍頭那邊將冬筍挖空。這個工序最講工夫，若粗手大腳則冬筍給挖得七零八落，有如卸妝後的貴婦。若然素手，則能將冬筍依外形挖成彎彎的圓錐形，亦即挖空部分與外形相若，斯始為佳製。

將挖空的筍肉，和以調味炒熟的雞肉鬆，拌以葱白翻炒，再釀入冬筍之肉。王公館當年則有特備的金銀匙，一面釀肉，一面將肉餡塞實，以不鬆為度，鬆則吃時容易狼藉，肉餡掉滿枱，賓客必怨廚人。

釀好之後，另切預先白烚好的鮮冬筍一塊，將筍頭洞塞好。這工序講手勢，塞得密不通風，然後肉餡始不洩漏污染，一如核子發電廠的設計。

最後一道工序，王公館當年用紗紙包住釀好的冬筍，以熱爐灰焗熱。所謂熱爐灰則是用大灶燒糠，糠燒成灰最合應用。今日則當然可用焗爐低溫處理。

焗熱後去包裹的紙上枱，宜盛以粗瓷。食家取筍，一面剝殼一面食，風味儼如農家，故食此佳餚時，照理應該卸下晚禮服以及寶石首飾為合。

食斗齋治北菇

王亭之家的女人食「斗齋」。每年九月食一個月。蓋九月初一為南斗下降，初一至初九為北斗九皇下降，初九又為斗母誕也。

這一個月，是考女人心思製素菜的日子，男人不食素，可是卻多點素菜佐膳，因此亦覺得別緻。

王亭之的庶祖母善治菌類，既精於口蘑，亦精於整治北菇。凡治北菇，必須先用滾水沖泡。泡後此水不傾，沉清泥沙後，傾面用以煮齋湯。北菇泡後，摘去其蒂柄，另用。菇則用油浸，復取出沖冷水，則餘沙盡去矣。

北菇的蒂柄，用酒浸透，再用上好秋油浸透，乘溫取出，切成細絲如髮，曬乾；又將此絲浸酒，乾後又浸秋油。此秋油宜用生者不用老者，老者粵人稱之為「老抽」。

臨食時，將菇蒂絲自秋油中取出，瀝乾，加薑汁蒸，不須更下鹽或秋油。臨供，加熟油數滴拌勻，此乃下飯上佳鹹菜。

整治妥之北菇，可以用來製多種菜餚。先庶祖母則以「白菜北菇」一餚為拿手。

取小白菜洗淨，略去粗莢，用生油走油，加浸過北菇腳的秋油同燜，燜至白菜熟透為止。此時另器盛北菇，加已燜好的白菜蓋面，文火燴之，火必須慢，時間卻必須長，白菜乃入北菇之味。營養學家擔心維他命C受破壞，抵他們要食沙律。

凡燜北菇，必須多油，故下器時宜用熟油拌透，其實若不是治素菜，則用豬網油同燴，味更鮮腴。

此食制用北菇墊白菜底，跟食肆之制恰好相反，讀者不妨比較那種食制更香更鮮。

荔灣艇仔粥之憶

天時暑熱，不禁想起廣州荔枝灣的艇仔粥。賣粥的艇插一枝黃旗，十分醒目，以便遊艇上的客人叫船娘呼喚。

那些粥艇獨沽一味，賣艇仔粥就艇仔粥，連油條都不賣，所以遊艇上的船娘叫買十分方便。「蝦記，五碗」，簡單清脆利落，永不出錯。她們都相熟，憑叫聲就知道是帶金的艇，抑或是帶娣的艇叫買，粥艇穿梭送粥，碗碗新鮮熱辣。

正宗的艇仔粥，用魚骨熬粥，乘熱入碗，灼熟生魚片與鮮蝦仁，至於魷魚鬚則事前已經灼熟，加上已熟的炸豬皮（名為「浮皮」）、叉燒片、海蜇絲、葱絲、芫荽，再臨時加上一大把炸花生，攪一攪，讓作料與粥混和，然後再加一匙羹炸香的蝦子，那種滋味，如今只能在夢裏尋求；因為即使在香港避風塘，也吃不到如斯鮮美甘香的製作。

這樣的艇仔粥，有咬口，而口感則款款不同。吃叉燒與魷魚鬚時，帶韌；吃海蜇絲與炸花生時，帶脆；吃浮皮與魚片時，帶爽，都沾上炒蝦子的鮮香，吃時十分佩服其選料配搭的匠心。

艇仔粥很難家庭製作，光是熬魚骨粥已經無法可比，因為斷沒有他們那麼多的魚骨，所以王亭之未吃此粥已四十餘年。

受淘汰的「冰肉」

由於社會變化，食制亦不能不變，此如「冰肉」即是其一。從前黑豆沙餡必用冰肉，猶之乎蓮蓉必用鹹蛋黃，這些都是前人經千錘百煉然後訂定下來的食制。所以豆沙包、豆沙糉、豆沙酥角，皆有冰肉和於豆沙餡內，增加咬口的甘香感。

如今人人皆忌肥肉，即使你極力辯稱冰肉不肥，可是見冰肉者必打冷震，避之而不食，連試食一粒都不肯，由是黑豆沙的風味大減，給紅豆沙取替了地位。

日本人製的豆沙，則用大菜糕製的粒塊，取代冰肉，吃軟軟的豆沙，忽然咬着爽爽的「冰粒」，口感甚好，但可惜這始終失去冰肉獨有的風味，那種甘香，無可代替。不過到底聊勝於無。國產豆沙製品，似乎可以向日人借鏡，至少黑豆沙、白冰粒，在視覺上相當討好，提高了色、香、味的「色」覺。

然而冰肉其實也不肥。它是怎樣弄出來的呢？王亭之可以一述其傳統製法。

將肥豬肉切成三、四分厚的薄片，放入滾水中「汆水」，即滾約三、四分鐘左右，如是肥油已出，但肉塊卻仍飽滿，這是物理學上「滲透壓」的作用。接着將肉塊「過冷河」，即沖凍水，再用布壓乾水分，然後將肉與砂糖夾層放置，入冰箱內醃三、四日。如是肥肉已經不肥，食之不信有害。

娥姐粉果

許多人都知道「娥姐粉果」的名堂，但卻未必吃過。王亭之亦未吃過，但卻吃過「娥姐第二代」的粉果，如今想起來，已可算是「絕品」——味道固然卓絕，在茶居亦成絕種。

娥姐粉果的皮不太薄，透明，可是卻非如玻璃或紗紙，若太薄，則必毫無咬口，是走火入魔之製耳。娥姐的粉果皮，製作有秘訣，告知此秘訣者，囑王亭之不得洩露。

用餡講究是娥姐粉果的特色。主要用鮮蝦，一定切粒，非切粒則不入味。如今喜歡用整隻蝦，若是鮮蝦也罷，無奈家家都用「還魂蝦」，即是將凍到變冰的蝦，用硼砂或梳打粉來醃，令其咬起來爽口，所以吃起來有攻鼻的梳打粉味；這種粉果，可以叫做「餓者粉果」，不能稱為「娥姐粉果」，蓋唯十分肚餓的人，才嚥得下這還魂蝦味也。

「娥姐粉果」一定有筍，而且是筍尖切粒，醃過味，但是跟蝦的醃法不同，只稍加鹽醃便可，忌用豉油與糖。

粉果的肉粒，要有瘦肉，亦要有肥肉，而且瘦的要全瘦（稱為「精肉」），肥的要全肥，若半肥瘦，則風味全失。這裏頭的道理很微妙，食者一加比較便知，難用筆墨形容。

至於加冬菇、芫荽等，小事耳，但卻不宜加香蕈（音「信」），一定要用花菇粒。若再加幾粒豆仁，與肉粒略炒作餡，則是「娥姐」第三代的製法。

魚皮與燕皮

許多人喜歡吃魚皮餃，以之為廣州美食，其實「魚皮」出自廣西的「玉林唐」。如今吃的魚皮，據稱是將魚肉和麵搓粉，然而廣西玉林縣的唐師傅，卻是將魚脊肉刮出「魚滑」，然後全用魚滑製成餛飩皮，於是包成「魚皮餛飩」。

魚滑須經捶、撻、打始能製成餛飩皮，行內人説，這比潮州人製魚蛋還要費工。所以真正的魚皮實已受時代淘汰，因此玉林唐去世之後，魚皮餛飩已成絕響。

可與魚皮媲美者，是福州人的「燕皮」。燕皮是用豬肉剁末，搓爛，然後和麵粉製皮。皮切成小長方塊，放湯後看來有點似燕窩，於是乃名之為燕皮。

如今燕皮還有得賣，王亭之遊夷島，尚得一嘗燕皮餛飩，這些燕皮是由加州買回來，計計行程，由福州運去加州，再由加州運達夷島，行程幾萬里，燕皮鮮味已減，吃之亦聊償懷舊之思而已。

當日王亭之老家多客人來往，由廣西來者攜魚皮餛飩至，十分大件事，要打「冰包」坐飛機至廣州，然後立刻飛車送到。燕皮則沒有那麼麻煩，因為較易保存。如今事隔一甲子，魚皮固已無可能得食，燕皮亦已少了鮮甘濃郁之味，是故愈懷舊愈饞涎。

兩儀豆腐羹

前人惜物，雖過年過節，亦絕不暴殄。中秋多食鴨，大家庭過節，動輒宰鴨十餘頭，鴨的內臟及頭爪，可滷，節後便成絕好的口果，至於鴨血，亦不放過，留至節後，即可製成「兩儀豆腐羹」。

凡凝鴨血，最宜用瓷器，鴨血一斤，加水二兩，另薑葱水一兩，食鹽一錢左右，則鴨血可凝。若不加鹽，則雖置雪櫃，亦凝而不固也。用薑葱水則旨在去腥。

將鴨血切粒，大小如小指節，另取豆腐切粒，大小如之。將兩種粒品用滾水灼透，撈出，瀝乾水分。水分必須瀝透，若不透，則成羹時有水撈水渧之感，且不入味。

昔日家廚，乃用上好紗紙或玉扣紙，蓋於鴨血及豆腐粒面，則其下通過罩籬瀝水，其上又有紗紙索水，必乾透無疑——這道手續極其重要，不可稍忽。

製此羹，必用豬油起鑊，爆葱段，薑片後，將薑葱移去，然後入肉湯，加鹽，酒調和，在鑊中燒至大滾，乃下已瀝透水之鴨血粒及豆腐粒，可略調味精，若用上湯，則絕不用味精矣。

收慢火略滾，下藕粉或馬蹄粉勺芡令稠，食時加胡椒粉。此品作銀紅色，殊為美觀。一紅一白，故以太極之兩儀名之耳。

若精製此品，則鴨血與豆腐分別整治，上碗時，一邊鴨血，一邊豆腐。鴨血邊加一撮松子仁，豆腐邊加一撮紅薑末，成太極形，則更為精巧矣。

食此羹後，若隨食鴨頭、鴨腎，用以送酒，則更為適宜；蓋用羹打酒底，即不飲之人，亦可進一杯。

王亭之過年

王亭之過年，年初一照例食齋麵。這是祖宗傳下來的習慣，到了王亭之這一代卻依然未改。可是吃餃子的習慣，王亭婆貪懶，已經取消久矣。

小時候過年，餃子中還包有金元寶與銀元寶，年年照例是王亭之的爸爸吃到金元寶，王亭之則吃到銀元寶。老爸逝世，就輪到王亭之吃到金元寶矣。

此舉雖然自欺，但卻極有人生的趣味，太過刨得正則無木也，是故王亭之欣然引以為樂。來到香港以後，沒有去定鑄金銀元寶，所以此例便已取消。到了女人索性不肯包餃子了，更加非取消不可。

然而一碗麵卻容易備辦，反正團年祭祖必煮齋，吃團年飯時吃不了這麼多菜餚，將齋菜留起，年初一翻煮一煮，便可以用來拌麵矣。女人揀省工夫的事來做，因此這習慣就能保存下來，未受時代的影響。

但王亭之對這碗清齋卻依舊有意見。王亭之喜歡將甜竹剪成小片，炸脆，再加點炸欖仁，則齋菜自然甘香。

可是，女人總愛懶，嫌炸甜竹費事，又說欖仁難買，只炸幾粒腰果作數，非常之沒有文化，夫炸腰果豈能代替炸欖仁耶，入口便知龍與鳳。

王亭之其實過年亦不食齋，一過中午，便要食蘿蔔糕矣。蘿蔔糕要硬，然後才可以切薄片煎成兩面黃，略加胡椒粉，食而不知其飽。

濟之以上好的鐵觀音，尤能消食。王亭孫與小樨樨學識這種食法，所以兩三底蘿蔔糕，未到年初三就已報銷。這時小樨樨就會扭計不肯吃飯矣，直至王亭婆答應初七再蒸為止。

王亭之又喜歡寧波湯圓。因為家中已不自製湯丸餡，便只能吃黑芝麻湯丸作數。

若在往年，自製的桂花糖麻蓉湯丸、玫瑰糖豆沙湯丸，有一個嬰兒拳頭那麼大，各食兩粒，非常之夠癮也。

過年憶餃子

每於過年，王亭之就想起童年少年時吃的餃子。

於童年時，家中人手多，包餃子便成為家庭娛樂。成群婦女在和麵、擀皮、包餃，小孩子趁在一旁熱鬧，乘人不覺，偷一塊麵糰捏小白兔，左捏右捏，終於只好捏黑豬，因為麵糰已經髒黑。

家中的餃子，分成兩派，一派傳統，有山東風味，一派是由庶祖母傳來，蘇州特色。前者皮較厚，但嚼起來有麵香，後者比較骨子，富菜肉香。然而兩者都有一共同之處，即是餃餡鮮潤有汁，即使是家常的白菜豬肉餃，菜肉和香，這滋味已不堪回憶。

於少年時，家中人手已少，但先母尚能製作山東餃子，鮮潤依舊，及手藝傳至王亭婆，則已粗製濫造，尤其近年買餃子皮回來，又用攪拌機攪餡，是故家廚製作，已只是聊勝於無。

人知王亭之喜吃餃子，亦有介紹某家某家好者，此中甚至有家製餃子，要訂貨才有，但吃起來則無一滿意，餡乾糙為其通病。

幸而去年有人送王亭之一瓶意大利百年陳醋，吃餃子時用之蘸食，若用飲食節目小妹妹的術語來形容，便是：「唔，帶出肉餡的鮮味。」然後點兩點頭，當然好味。人貴知足，餃子不靚，醋靚，已如娶得品德好的老婆。

第伍章 懷古飲食

先談叉燒包

王亭之往夷島避寒，經溫哥華去，兩地都有讀者語王亭之云：「最喜歡你講飲講食。」人在夷島，等如與世隔絕，消息來得遲，手頭的書亦只兩、三本，因此最好是寫飲食文字，一則可以隨手拈來，二則亦可以應讀者之所望，由是便決定寫一組文字，一談王亭之的飲食心得。

廣府飲食之精在於點心，點心考究則在於叉燒包，到茶居飲茶不吃叉燒包，幾乎等如未上茶居，是故開宗明義，先談此款點心。

好的叉燒包，叉燒要切得薄、切得細，稱為「指甲片」，還要醃過味，故除刀工之外，如何醃味亦非常講究，可謂各師各法。不過萬變不離其宗者，則為蒸出來的叉燒包，一咬，一定要有一啖汁，若乾爇爇者，即芡汁不足，定不合格。

王亭之小時候在廣州，以占元閣和雲來閣的叉燒包最有名，兩家字號的餡味不同，但同樣有餡汁，先父紹如公及其朋輩，則謂占元閣較佳，以其蠔油味鮮也。不過時至今日，蠔油都是化學蠔油，因此已經不能要求得那麼高。

最下品的叉燒包是叉燒切件而非切指甲片，再用花紅粉上色，一口咬下去，有如鮮血淋漓，令人想到四十年前的澳門人肉叉燒包！這種叉燒包，在圖麟都（多倫多）、溫哥華以及夷島都吃得到。趕客最快，無過這種「血包」。

番島（夏威夷）的叉燒包，大如飯碗，皮厚餡少，若皮薄餡多，土人便說搵笨。他們費事比較叉燒的價錢貴過麵粉，只知一向以來，叉燒包便是厚皮者矣。

厚皮叉燒包，蓋屬老輩華僑的傑作，土人體胖善食，厚皮便投其所好，反正他們吃慣麵包，亦只是一團麵粉。王亭之舉此為例，殆欲說明，即使一包之微，且儘管是橘逾淮則為枳，亦必有其人文背景在。

中國的包點原來相當粗糙，至盛唐，才忽然骨子起來，最大的原因是發揮了乳酪的功能，乳酪本來在漢末已入中國，然而卻是珍品。曹操置一碗乳酪於桌上，且寫「一合」二字，楊修見到，立即喚同僚分食，同僚不敢，楊修指字曰：「丞相吩咐，一人一口。」於是眾人始敢分食。由此故事，可知乳酪之名貴。到了唐代，乳酪不那麼矜貴矣，因此才可以拿來製餅點。

乳酪會發酵，因此也就促進了發酵食品，饅頭便是在這種背景下出現的食制。後來發酵用「麵種」而不用乳酪，那是製作上的進步；因為發出來的麵糰，比用乳酪來發更鬆。

到了宋代，麵糰發酵的技術已經成熟，因此多饅頭包子之類的食制。最膾炙人口而且大眾化的，是「太學饅頭」，其實是葱花牛肉包。

至於叉燒包，可以看作是宋代食制的承繼，宋末文化南移，中原士族遷徙廣東福建，自然也就將饅頭包子同時帶來。及至粵人懂製叉燒，有叉燒包是很順理成章的事。

叉燒包以餡料的芡汁稀稠適中為貴，咬起來須有汁，這一點，學西點而製的「叉燒餐包」未免失色，更何況番島的大麵糰夾叉燒粒耶。

雲吞

「雲吞」即是餛飩。市井肩挑，每每將聲音相近的字牽合使用，久而久之便成地方特色。從前雲吞麵舖，大字招牌：「鮮蝦水餃，淨肉雲吞」，故知水餃與雲吞有別。

廣府人的雲吞，用鮮蝦作餡，猶是近三十年的事。三十餘年前，以吃得講究出名的西關，亦只賣「鮮蝦水餃」，雲吞用肉而不用蝦，謂之「淨肉雲吞」。不過湯靚，肉餡亦調製得宜，所以雲吞不用蝦亦不見得粗劣。反之，今日香港製雲吞者，湯不用蝦子來熬，亦不用大豆芽菜煎水，蝦則用冷藏貨，即使是「鮮蝦雲吞」，亦大大遜色矣。

《雲林堂飲食制度集》載「煮餛飩」一條云：

細切肉燥子，入筍米，或茭白、韭菜、藤花皆可。以川椒、杏仁醬少許和勻，裹之……

所謂「肉燥子」即是細切的肉粒。《水滸傳》第三回，魯智深要找「鎮關西」的岔子，便是先叫他切十斤「肉臊子」，而且不要見半點肥；待切妥，卻又要十斤肥肉，都切做「臊子」，要不見半點瘦的在上頭；「鎮關西」忍不住問道：「卻才精的，怕府裏要裹餛飩，肥的臊子何用？」

由是可見，肉燥子或肉臊子，端的是裹雲吞的餡材，而且非用瘦肉不可，肥肉丁則不能用。至少在《水滸傳》的寫作年代，此蓋已為常制。

這種看法，恰可引元人韓奕的《易牙遺意》為證。中有一則「餛飩」云：

「……膘脂不可搭在精肉。用葱白，先以油炒熟，則不葷氣。花椒、薑末、杏仁、砂仁、醬，調和得所。更宜筍菜、煠過萊菔之類。或蝦肉、蟹肉、藤花、諸魚肉尤妙……。」

「膘脂不可搭在精肉」，即只用瘦肉。所以魯智深雖然吩咐得腌臢，要不見半點肥肉，「鎮關西」鄭屠尚不起疑心，直至要切十斤肥肉丁時才疑心動問。

韓奕所言的雲吞餡，跟倪雲林所言微有不同。調味品是倪雲林用得精而清爽，但韓奕的雲吞餡可配魚、蝦、蟹肉，則食味或許稍勝——所以說或許稍勝而不敢肯定必勝，則是因為用河鮮來配肉丁，未必一定配得好。

廣府人的雲吞，則精肉、肥肉各切成丁，然後配用，精多肥少，亦不見膩口，這是因為選料精的緣故。肥肉用實膘而不用腩則膩，故以用腩為宜。若魯智深要打的「鎮關西」鄭屠生於廣府，則當魯智深要他切十斤肥臊子時，必不致動問：「肥臊子要來何用？」頂多是懷疑十斤精臊子配十斤肥臊子是否份量適宜耳。

廣府人裹雲吞，和之以蛋白，所以便有黏力，這是很好的改良，但相信有這項改良，或者已經是清中葉以後的事。

蓋生於康熙卒於嘉慶的袁子才，在《隨園食單》中記「顛不棱」一則云：

「糊麵攤開裹肉為餡，蒸之。其討好處，全在作餡得法，不過肉嫩去筋作料而已。余到廣東，吃官顛不棱甚佳，中用肉皮煨膏為餡，故覺軟美。」

袁子才又稱，餛飩製法與顛不棱同，所以《隨園食單》這則資料，大可作為研究雲吞餡之用。

今日香港雲吞之不佳，正病在肉不嫩，又不細細去筋，以為切成肉丁便有筋都無所謂。然而「肉皮煨膏」，卻反不如用蛋清好，正如潮州翅之不如廣府人的清湯翅。袁子才時，廣東的官鎮台尚不識用蛋清，大概官鎮台是滿州人，所以寧用肉膠、肉凍而不識用蛋也。

雲吞餡用蝦，固是元人遺法，從前廣府的雲吞麵店不用，大概是避免雲吞餡與水餃餡雷同，所以雲吞餡亦不用筍。後來用淡水蝦作餡而猶不肯用筍者，即是此意。只是香港的雲吞店，以凍中蝦切段來充淡水蝦用，其實還不如試一試賣「淨肉雲吞」。

或嫌淨肉不鮮味，殊不知廣府人懂得用大地魚焙香，研成蓉，加入肥瘦肉粒中用來調味，一經調治，別有鮮味，將肉味調和，是之謂「治味」——即是說，肉味靠大地魚蓉的味道「治」出來，這「治」字十分傳神。

治味的淨肉雲吞又要靠湯配搭，雲吞麵湯別有一工，非雞粉湯可比。

魚生——流傳二千年的食制

一

王亭之居夷島，島上日本菜美且廉，因亦偶食。在大學區有一家，名「上方」，其經理乃第三代華僑，雖籍貫中山，已不能操鄉談，僅能說英語、日語，唯仍好飲中國茶。王亭之至，侍女以日本綠茶進，必止之，另泡其私家烏龍茶供，故王亭之乃甚喜此家之食。

此家有「白肉魚生」，切片飛薄，每片之上灑以葱花及薑蓉，且加熟油一滴，墊以蘿蔔絲。王亭之不知其名，叩之，日名亦甚難記，故僅稱之為「白肉魚生」，則連侍女亦知王亭之所指矣。蓋每至必食此味，盡一盤猶未足也。

其實若論食魚生，廣府人可謂專家，日本魚生實在比不上。然而日本人聰明，每盤十片，瞧起來骨子，因為量少，亦覺得份外好食。不似廣府人設魚生之會，大盤魚片，份量多便不覺名貴矣。

廣府人的魚生，乃屬中國最古老的飲食文化傳統。

遠在《易經》時代，亦即至晚不過西周，已經有「包有魚」、「豚魚吉」的爻辭。「包有魚」即是「庖有魚」，廚房有魚竟是一件可資特記的事，魚之名貴可知。

至於《詩經》，有關魚的吟詠更多，有些詩篇，甚至將魚作為婚姻的象徵，以至今日還留下一些成語，例如「魚水和諧」，象徵婚姻的美滿。

那時候，以鯉魚為珍品，因為黃河盛產鯉魚和鯿魚。故《陳風·衡門》云：「豈其食魚，必河之魴。」「豈其食魚，必河之鯉」。河自然是指黃河，一如古書的江必指長江，長江、黃河自古即是中國的兩條大動脈。魴即鯿魚，跟鯉魚比，後者自較鮮美。

所以周宣王派尹吉甫出征獫狁，師捷慶功，慶功宴上的珍饈，便是「炰鱉膾鯉」。清燉甲魚，加上鯉魚魚生，居然如此名貴，重食鯉魚可知。

詩《大雅》，又有一首《韓奕》，記載韓侯赴京師朝周天子，「顯父餞之」，那餞行酒只是「清酒百壺。其餚維何，炰鱉鮮魚」。依然是用清燉甲魚以及鮮魚來做酒宴的主餚，雖未說明是甚麼魚，以及如何烹調；可是王亭之相信，那些「鮮魚」必定是魚生，否則便不得謂為鮮矣。蓋「生殺為鮮」，以生宰的魚上桌，不是魚生是甚麼。

這種用燉甲魚配鯉魚生而食的食制，到漢代猶然，枚乘寫過一篇賦叫做《七發》，亦有「炰鱉膾鯉」的記載。食鯉膾之風一直延至唐代，唐詩形容貴婦，是「良人玉勒持驄馬，侍女金盤膾鯉魚」。自周至唐，一千年食制的主料可謂不變，鯉魚生的吸引力可謂大矣。

二

最可惜的是，古代文獻，沒有記載用甚麼物料來配魚生。《大業拾遺記》是記載隋煬帝日常生活的一本專書，其所記魚膾各類，必取「香柔花葉，相間細切」，則其食法已可視為廣府人魚生的「祖制」。

宋人陶谷的《清異錄》曰：「廣陵法曹宋龜作『縷子膾』，其法，用鯽魚肉，鯉魚子，以碧筒或菊苗為胎骨。」這位宋龜法官大人食得嚥唧，吃鯽魚魚生及鯉魚魚子，居然擺譜，叫「碧筒」或菊苗為骨，擺出各種花樣，有如雕花，因稱「縷子」。然而其用「碧筒」與菊苗，則仍是隋人「香柔花葉」的路數。

王亭之甚至聯想起昔日家廚的菊花鍋，以鯇魚切雙飛，夾一段葱白，一片菊瓣，一齊在鍋中淥熟，然後蘸熟油秋油，再夾一片薄脆而食，這種食風，則未必非「縷子膾」的孑遺。

到了明代，關於魚生食制的記載，便很詳細了。托名劉伯溫撰的《多能鄙事》，有「魚膾」一條，記云——「魚不拘大小，以鮮活為上。去頭尾肚皮，薄切，攤白紙上，晾片時，細切如絲。以蘿蔔細剁，布扭作汁，薑絲拌魚，入碟。雜以生菜，胡荽，芥辣。醋澆。」

這是先將鮮魚切片，晾乾後再切為細絲，然後拌以蘿蔔汁及薑絲。食時雜以生菜、胡荽及芥辣，再加醋食。

記載中未提到加油，想來油總是要加一點點的。澆醋拌生菜等物，則有如今人食「沙律」的「意大利汁」，乃澆以白醋及少許橄欖油。然而以蘿蔔汁拌魚絲，卻大有講究，蓋諸蔬菜之中，唯蘿蔔最去魚腥，福建人最明白這種道理，沿海產腥物，必用蘿蔔。王亭之可以說，日本人食魚生用蘿蔔絲，連食「天婦羅」的炸蝦，都用蘿蔔蓉入汁，這種食制，必為由福建傳過去無疑。

三

中國吃魚生之風，源遠流長，所以至近代，杭州菜尚有「醋魚帶鬢」。醋魚用鯇魚製。「鬢」也者，卻是切得飛薄的生鯇魚片，拽在碟上，有如鬢髮，故名。可是如今杭州菜館已無此製。

然而一切魚生之食，總以近代順德人的吃法為極致。

順德的桑壆魚塘[1]最為有名。桑以養蠶，蠶的糞便則用來養魚，當清魚塘時，復用魚塘泥以培桑樹，如此循還利用，連蠶苗、魚苗都自行培養，是則絲與魚都可謂不化成本，只化人力，難怪當年順德獨多富戶。

清魚塘例在冬令，因此「冬至魚生」便成名食。魚生以鯇魚片為貴，薄切，和以蘿蔔絲、椒絲、葱白絲、香茅葉絲、薄荷葉絲，加鹽調味，略用麻油拌食，更爽薄脆，其風味可謂一流，非日本魚生可望其脊項也。

前人亦知塘魚有寄生蟲，故王亭之昔日家廚治魚生，必去魚皮，另炸，用以佐粥。去皮之魚脊肉，用肉桂末和酒擦透，於風涼處置一小時，然後始洗淨切片，再拌以蘿蔔汁，滴麻油，始肯擺碟。其用肉桂末，即是殺寄生蟲之意耳。

無如今日禁食魚生，而日本魚生卻獨可售於市肆，於是食魚生者，皆忘記了中國近二千年的食制，或雖記而不得食耳。

1 順德人關魚塘，魚塘邊開一小路，名為「魚壆」，「壆」音「基」。

隨園海鮮單

《隨園食單》列「海鮮單」。夾註云：「古八珍並無海鮮之說，今世俗尚之，不得不吾從眾。作海鮮單。」好像寫「海鮮單」寫得很委曲的樣子。

所記「海鮮」，計為燕窩、海參、魚翅、鰒魚、淡菜、海蝘、烏魚蛋、江瑤柱、蠣黃。共計九事。

鰒魚即是鮑魚、海蝘即是沙蟲、烏魚蛋即是烏魚子、蠣黃即是生曬蠔豉。隨園所列之名，與今人稍異。並不是當時其名如是，只是文人喜好文飾，所以就不採俗名而用「雅名」矣。

但一用雅名，有時反易滋生疑竇。如「蠣黃」，乃蠔豉之雅名，王亭之卻懷疑袁子才指的是蠔而不是蠔豉。

蓋其言曰：「蠣黃生石子上，殼與石子膠黏不分。剝肉作羹，與蚶、蛤相似。」所指蓋是生蠔。

袁子才食蠔，僅識剝肉作羹，所用的蠔大極有限，豈如廣府人之炸生蠔、薑葱焗生蠔、焗生蠔，花樣多多，蓋恃蠔身夠斤兩耳。

袁子才食鮑魚亦甚外行。其言曰：「炒薄片甚佳。楊中丞家削片入雞湯豆腐中，號稱鰒魚豆腐，上加陳糟油澆之。莊太守用大塊鰒魚煨整鴨，亦別有風趣。但其性堅，終不能齒決。火煨三日，才拆得碎。」此條必為廣東廚子所笑。

不過時至今日，除粵廚外，他省廚子亦必不善製鮑魚。若鮑魚煨得不能齒決，拆招牌矣。外省人亦未必能品鮑魚之味，所以互為因果，炮製鮑魚始終得讓粵廚出人頭地。

外省菜中，僅山西館子的「烏魚子湯」，王亭之最喜食。昔年每履台灣，必試此味，唯近日台灣的山西館子已不賣，不知何故。

或如隨園所云：「烏魚蛋最鮮，最難服事」耶！

東坡肉及其遺意

港人賤豬，每筵席宴會，除了吃片皮乳豬之外，便更無豬肉上盤枱矣。要用肉，亦必雞絲、雞片，是故可謂不知豬肉之美。

然而王亭之卻是喜歡吃豬的人，至今想起昔日家廚的「白片肉」、「鍋燒肉」，猶覺口角流涎。因此忍不住便談談豬肉的食制。

古來吃豬肉的名人，無過於蘇東坡。他創製的「東坡肉」，只留下一首詩，這及其製作的要訣——

「黃州好豬肉，價賤如糞土，富者不肯吃，貧者不解煮。慢着火，少着水，火候足時他自美。每日起來打一碗，飽得自家君莫管。」

「富者不肯吃」豬肉，原來北宋時已如此，故港人當有北宋遺風也。一笑。坡公當年謫居黃州，窮困之至，每日限用一百五十錢，所以姪婿王子立來探他，及送行時，東坡亦「送行無酒亦無錢，勸爾一杯菩薩泉」，用泉水代酒，端的可謂有情飲水飽。既然窮困而又屬老饕，難怪便打豬肉的主意，弄成佳饌，吃到開心，便亦移名及之，謂為「東坡肉」耳。

奇怪的是，宋、元、明三代食譜，竟無「東坡肉」之名，到了清代，首先是名詞人朱彝尊的《食憲鴻秘》，著錄「東坡腿」，其後詩人袁子才的《隨園食單》，則著錄「東坡肉」。

東坡先生於清初忽入食林，走運雖晚，名頭卻響。不過「東坡腿」係用金華火腿製作，原料名貴，令人生疑，倒是「東坡肉」總算有點根據，是故不妨一談。

隨園老人記載的「東坡肉」製法是——

「肉取方正一塊，刮淨，切長層約二寸許，下鍋小滾後去沫。每一斤，下木瓜酒四兩，炒糖色入。半爛，加醬油，火候既到，下冰糖數塊，將湯收乾。用山藥蒸爛去皮襯底。肉每斤入大茴三顆。」

這種製作方法，王亭之不相信是「東坡肉」的本來面目，東坡先生居黃州，不可能有江蘇名產木瓜酒，大概也不會炒焦糖加入，整色整水，是否加薯仔，蓋亦不妨存疑。不過其製法得東坡先生親手製作的神韻，則相信可無疑問。

清道光年間，北京有一家日儉居，以製作「東坡肉」馳譽。《都門雜詠》即有一首是專詠此餚。詩云：「原來肉製貴微炊，火到東坡膩若脂。象眼截痕看不見，啖時舉箸爛方知。」所謂「微炊」，即是東坡詩「慢着火，少着水」，不過所用調味配搭，可能已效法隨園，非復東坡原制。

木瓜酒的作用，是利用酒中的木瓜酶，有分解脂肪，疏鬆纖維之效，故非一般的酒可以替代。如今香港天香樓製作的「東坡肉」，切成象眼塊，彷佛日儉居，只是所用者蓋未必是木瓜酒，因此吃起來雖有酒香，卻稍嫌肥，是則配佐之料蓋亦不可以不講也。

清人李化楠《醒園錄》有「酒燉肉」一則，蓋乃當時名菜。李化楠年齒長於隨園，因此隨園老人很有可能參考過他的食制——

「新鮮肉一斤，刮洗乾淨，入水煮滾一二次即取出，刀改成大方塊。先以酒同水燉，燉有七八分熟，加醬油一杯，花椒、料酒、葱、薑、桂皮一小片，不可蓋鍋。俟其將熟，蓋鍋以燜之，總以煨火為主。」

其製作過程與隨園「東坡肉」法無異，只是佐料不同。隨園只用大茴香作香料，比醒園簡單，效果卻勝之，用木瓜酒更精警，由此可知食制的改良，原有一脈相承的精髓不變，所變者只是一些隨着時代進步的技巧與配搭，此意惜不為今之食家所知，是故動輒鼓吹「新派」而不面紅也。

醒園著錄的「酒烹肉」，雖然曾用來招待過下江南的乾隆皇帝，然而亦絕不是生安白造，眉飛色舞的「新派」菜。明代的《宋氏養生部》，即有「酒烹豬」一條，不妨錄下，以便讀者研究其來龍去脈。

「寬以酒、水，同甘草少許烹熟。入鹽、醋、花椒、葱調和。和物宜合生竹筍、茭白。」

這則著錄很簡單，但以酒水煮豬肉，不似醒園及隨園之法，先將豬肉出水，然後半熟始加醬油及香料那麼講究。唯此倒或者是東坡先生的遺法，蓋東坡親自下廚，慢火煮爛豬肉便食，焉有許多閒工夫耶。

宋氏亦未提到火候，然而「寬以酒水」，則慢火之意存其中矣，亦即醒園「總以煨火為主」之意。

說宋氏抄東坡先生的遺意，尚有一則證據，其所載「藏蒸豬」一條云——

「用竹筍兩節，間斷為底蓋，底深蓋淺，藏肉、醢料於底。截竹針關其蓋，蒸熟。」

這是挖空竹筍，將豬肉及醬料藏於筍內而蒸，肥肉配竹筍，自然天衣無縫，然而此饌亦必與東坡居士既愛豬肉亦愛竹有關，後人信手將之牽合，便成此饌。

由東坡肉發展到醒園的「酒烹肉」，以及隨園的「東坡肉」，時間近五百年，期間無人自詡「新派」，豈五百年來的人，均不及今之港人耶？嘆嘆！

是故王亭之談豬肉，亦暫時告一段落，蓋豬肉倒「新派」的胃，而「新派」亦未嘗不倒豬肉的胃也。

炒鵝片乃明代食制

番島（夏威夷）無鵝，唯有鴨，故「港式燒臘」僅賣燒鴨，而無燒鵝。偶思食潮州滷水鵝，吩咐廚人設法，亦唯有以滷水鴨代之，可謂甚為掃興。王亭之於是更喜跟廚人談鵝，蓋不得其食，反而談興更濃也。

王亭之提及炒鵝，廚人大怪，乃執王亭之詳問。王亭之乃告之曰：「此乃明人法也。」於明人《宋氏養生部》，載有炒鵝之法。法為將鵝肉切片，走油，再加少量酒及水，將鵝肉烹熟。

於是乃用鹽、砂仁末、花椒、葱白、加入鵝肉之中，炒至汁乾。先浸冬菇、石耳。將此二物事前炒香，於鵝汁乾後，加入同炒，若太乾，則略加浸冬菇之水令潤。

明人喜食鵝，視食鵝為大事，若非仕宦之家，則只能食鴨，為裝門面，且於鴨頭裝以芋頭。

若仕宦之家，則反不必以全鵝供客，炒鵝片即是當時仕宦之家食制。

明人炒鵝，亦有配以茨菇片及海蜇者，如此炒法，則僅用少許油，若鵝肥則不必多油，用海蜇及茨菇，以其皆瘦物耳。

兩種炒鵝之法，王亭之認為以後者為佳。凡肥物，皆宜配茨菇片食，此不可不知。故燒雞肝、鵝肝，亦宜夾茨菇片。

近人食鵝，絕無用以炒食者，唯炒雞絲，甚實炒鵝片亦不妨一試。

唐代的釀蟹蓋

近日讀唐人劉恂《嶺表錄異》，見有「蟹饆饠」一條，不禁大感興趣。記云——

「赤蟹，母殼內黃赤膏，如雞鴨子黃，肉白如豕膏。實其殼中，淋以五味，蒙以細麵，為「蟹饆饠」，珍美可當。」

此乃唐代中原人士記嶺外食制，在他們心目中，蓋為南蠻之食耳。然而所記此條，蓋即「焗釀蟹蓋」無疑——取母蟹殼，實以蟹黃及蟹肉，加五味淋面，再加上一層麵皮。這層麵皮的作用，殆有如法國洋葱湯的酥皮。亦由於有麵皮蓋面，形似包子，故唐代人乃稱為「饆饠」，此蓋唐人口語也。

當日的「蟹饆饠」，必為蒸熟無疑，否則即無此名矣。再說得明白一點，此饌是以蟹殼為底的包子。

由此饌發展到「焗釀蟹蓋」，則必是洋菜漸傳入中國以後的事。焗之一法，是洋法也。廣州十三行與洋人貿易交際，自然亦間中仿效洋人飲食，既有釀蟹蓋而蒸的基礎，復有西洋焗法，由是而成「焗釀蟹蓋」，可謂水到渠成耳。

所以說，一飲一饌的發展，必有其文化淵源，歷史背景，不必刻意求新者也。一旦渲染為「新派」便難免挖空心思求出新招嘩眾。當日廣州太平館、澳門佛笑樓賣焗蟹蓋，馳名一時，亦未聞其自詡為「新法」，而其享名則久且遠矣。

焗蟹蓋此饌，至今未聞有後繼者，則以調味及火候皆已不及昔時，要焗至肉潤入味而不乾，非易事也，調味則更無論耳。

食海參，鹽商不如袁子才

袁子才《隨園食單》云：「古八珍，並無海鮮之說，今世俗尚之。」他所說的是為實情，唐代以及北宋的食譜，甚少見海鮮食制，南宋以後，海鮮才漸漸變成筵席中的主菜。是以時至今日，若筵席中無魚翅，即視為「寒塵」[2]。

隨園所說四款名貴海鮮，依次為：燕窩、海參、魚翅、鮑魚。此中燕窩本非海鮮，不知隨園老人何以致誤，此亦足見他實少食燕窩，其口福實不如現代一中產之家焉。

廣府人大概甚明白隨園老人老土，不識燕窩為何物，因此才將花膠（魚肚）代之，將「鮑參翅肚」視為四款海珍。

此四海珍，從前只有魚翅矜貴，鮑魚只是小食，海參、魚肚亦普通人家的節日菜式；可是，如今鮑魚卻變得極為矜貴，連三十幾個頭的鮑魚都上酒席，十分陰功，這樣吃下去，鮑魚真的會斷子絕孫，人工飼養亦無用焉。

因此王亭之談海珍，唯有一談海參，以其尚屬價廉，一般家廚製尚負擔得起也。

海參滋養，能固腎明目，然而此唯遼參始有功效。遼參者，即刺參也。若參身滑溜者，名為豬婆參，絕無食療之效。

2「寒塵」是古老廣府話，音為「寒診」，意指寒傖。此詞語來源甚古，見於唐詩。

不過遼參卻比較難發，尤其是上好遼參。也可以這樣說，愈好的遼參愈難發得軟。一個傳統的方法是，用冰水來浸它，現代人十分容易，將人造冰塊連遼參放入粥煲內，冰塊自然溶成冰水，待稍浸泡後，原煲加火燒滾，然後慢火煮透。離火後，又可傾水再加冰，煮第二次。如是遼參必能發開。

發海參忌沾鹽沾油。若海參未發透即沾鹽，海參便不能發；若沾油，則當烹煮時火力較猛即易熔成膠，完全沒有嚼口。

明代嚴嵩當政，其子世藩驕侈淫佚無惡不作，獨忌海瑞。其初世藩與嚴嵩論及海瑞，提議將他收買，嚴老奸笑云：「海剛峰是一枚海參。」此即謂其渾身帶刺，又難軟，兼且不宜沾之以油鹽。

由此小故事可知，明代中葉時，人對海參的特性已有相當認識，否則便不能有此妙喻。只可惜自古至今，具海參性格的人實在太少。

明代人如何食海參，王亭之實在不知，可是乾隆年間成書的《調鼎集》，卻錄有海參食制二十四款，名為「海參襯菜」。這本書，為大鹽商童北硯所輯，乾隆年間是鹽商的黃金時代，是故生活豪奢，揀飲擇食，由是食制精良，絕非今日海峽三岸的巨富之家所及，列入「襯菜」類者，唯有燕窩、魚翅、海參、鮑魚四款，恰同《隨園食單》所言，他們是同時代的人，故由此即可見當時飲食之所重，實唯此四者。

《調鼎集》中的「蝴蝶海參」，其製法為——

「將大海參披薄，或襯甲魚裙邊，穿肥火腿條。」

此雖語焉不詳，但亦可知其所用者非為遼參，充其量亦為大烏參而已。

由是《調鼎集》的食制，即為袁隨園所笑，他在「獨用須知」一條下云——

「金陵人好以海參配甲魚、魚翅配蟹粉，我見輒攢眉，覺甲魚、蟹粉之味，海參、魚翅分之而不足；海參、魚翅之弊，甲魚、蟹粉染之而有餘。」

此即謂蟹粉、甲魚不足令翅與參鮮，反而因此令蟹粉、甲魚失去原來的風味。袁隨園真食家也。如今喜歡「新派粵菜」的人，胡亂配搭，但求將不值錢的東西裝飾為名貴，大概只有寫公關食稿的小妹妹食家才肯欣賞，便是連《隨園食單》都不肯讀。

然則《隨園食單》的海參食制又如何耶？茲將其「海參三法」一條，全文錄下，分段解釋——

「海參無味之物，沙多氣腥，最難討好。然天性濃重，斷不可用清湯煨也。」

所謂「天性濃重」，即謂其膠質重。「不可用清湯煨」者，即不宜但用肉煮湯來煨。然則如何？廣府菜所用的上湯，實為最宜，上湯用文火熬成，用料有豬肉、火腿、老雞，故為濃湯，是海參的上好配搭。

「須檢小刺參，先泡去泥沙，用肉湯滾三次，然後以雞、肉兩汁紅煨極爛。輔佐則用香蕈、木耳，以其色黑相似也。」

袁隨園不識熬上湯，所以唯有用肉湯煮三次，然後煨以雞和豬肉的濃汁，若用上湯來煨，則比他省事。不過他已懂得用小刺參，是則已勝童大鹽商多矣。

「大抵明日請客，則先一日要煨，海參才爛。常見錢觀察家，夏日用芥末、雞汁拌冷海參絲，甚佳。」

此冷盤果然精緻，其製法當為先將海參煨透，俟凍然後切絲。海參已入味，用芥末可矣，再用雞汁來拌，未免多事。

「或切小碎丁，用筍丁、香蕈丁入雞湯煨作羹。」

此食制的海參，仍須先用上湯煨透入味，然後才能「入雞湯煨作羹」，如若不然，亦不過味同嚼蠟而已。

「蔣侍郎家用豆腐皮、雞腿、蘑菇煨海參，亦佳。」

用豆腐皮是食家的遷想妙得，蓋用以索煨海參的汁，極其入味。於此食制，王亭之寧食腐皮。

看過《隨園食單》這三款海參食制，便知道蝦子燒大烏參、烏參燜鴨之類，簡直是對小刺參的侮辱。

王亭之家廚倒有一款海參食制，深得隨園意旨，此即紅燒釀刺參。

刺參對半切開，先用上湯煨透，然後釀以熟雞肉及火腿膠，原條入鍋略加上湯及紹酒紅燒，極為美味。其得隨園神髓者，即為用肉配搭，如是始可調和海參之腥寡。至於用紹酒，則可以帶出火腿的鮮味。於初冬之際嘗此食制，真可媲美黨太尉於大雪天，坐銷金帳內，飲美酒、食羊羔，蓋此亦禦寒之妙品也。

吃豆腐吃到御膳房

中國人吃豆腐其實甚早，只不過家常餚饌，其食制反而不傳耳。

至宋代，閩人林洪著《山家清供》，始著錄「東坡豆腐」一則，亦只寥寥數字——

「豆腐葱油煎，用研榧子一二十枚，和醬料同煮。又方，純以酒煮，俱有益也。」

酒煮豆腐，謂「有益」或者還講得過去，滋味一定不見得出色。反而是煎香豆腐，加榧子碎末及醬料煮，應該更加入味。

然而這種食法，皆未得食豆腐之訣。至清代，詞人朱彝尊的《食憲鴻秘》，以及詩人袁子才的《隨園食單》，皆強調煮豆腐須多油，且須俟油熱透然後始下豆腐，其為煎為煮，皆如是也。

清代食譜忽然重視豆腐，蓋與一段掌故有關。康熙喜歡「恩遇老臣」，故常賜老臣以食物，且包括御廚食制。他曾賜予江蘇巡撫宋牧仲以「日用豆腐」之方，云：「可令御廚太監，傳授與巡撫廚子，為後半世受用」，足見其鄭而重之也。

康熙亦曾以此食制，賜徐乾學尚書。法為——

「以豆腐嫩片切碎，加香蕈屑、蘑菇屑、松子屑、瓜子仁屑、雞肉屑、火腿屑，同入濃雞汁中，燒滾起鍋。腐腦亦可。用瓢不用箸。」

據說徐乾學取此方時，出御膳房費一千兩。

此法其實乃師「東坡豆腐」的遺意，東坡文人，便只用榧子屑，一入御膳，便多了許多配搭。其實只須用上湯起鍋，加蝦米、蘑菇、松子三物，豆腐已成珍味，唯葱段則必須加。

食粥三千年

廣府人吃粥的文化，可謂無外人能比。這應該是晉末大移民時期，由中原人士帶來的飲食文化，蓋中國人吃粥的歷史有三千年，是故魏晉時代的中原人士便極其講究食粥。

約三千年前，其時還是甲骨文時代，那時的「粥」字，相當於「鬻」字。「鬲」是煮粥的器皿，在鬲之上有「米」，煮時反覆波動，那便是米旁的兩個「弓」形。所以這個「鬻」字真的十分象形。

根據目前出土的陶鬲來看，由於鬲的體積甚小，因此估計，當日吃粥是一人一鬲，即煮即食，不似今日廣府人之煲粥，一大「人仔煲」（高身瓦鍋），然後一人一碗分食。

亦有人估計，鬲是遊獵氏族的食具。整族人出去分頭行獵，隨身帶一個鬲，帶少量的野米（當時叫做「秜」），於行獵處有水源時，便可以用鬲來煮粥。

亦不單是煮粥，此中還有一些食制的變化。米多水少，煮成稠粥叫做「饘」（音氈）；若水多米少，煮成稀粥就叫做「糜」。當煮粥時，煮到一半，便把一部分粥水隔出來存儲，這些粥水就叫做「漿」，那的確是行獵者最好的飲品，既解渴，又解饑。

在冬天行獵，還可以將饘冷凍，再用刀切塊來吃，這相信是人類最雛型的米糕。

據《汲冢周書》說，粥是黃帝發明的，凡六穀皆可以為粥。此所謂「六穀」，是連豆類也算進去。這樣說起來，今日的紅豆沙、綠豆沙，應該有五千年的歷史了，只是當時一定並非甜食，因為黃帝時代有鹽沒有糖。

還可以一談兩個跟吃粥有關的字。「即」字，在甲骨文，左「皀」旁即是鬲的形象；右「卩」旁是人坐在鬲旁邊就食；「既」字，那個「旡」旁，是人吃完粥，離鬲而去。因此「即食」是來食的意思，「既食」是食罷。這一定是以粥為主食，然後才有這樣的文字誕生。

所以遠古時代吃飯應該是很奢侈的事，《詩經》說：「彼君子兮，不素餐兮。」「餐」即是吃飯，有資格吃飯的人，唯有大人先生這一類「君子」。君子吃老百姓的飯卻不替老百姓做好事，老百姓便用這首民歌來諷刺他們。不過由此可知，吃飯不做好事的公務員，在周代已經先有典範，可謂源遠流長，所以雖「素餐」（白吃飯）也實在不必臉紅。

周代人以粥為主食，還有文獻可以作證。《禮記・問喪篇》說，父母親死，孝子三日不得舉火，然則他們何以為食呢？由鄰里送糜粥給孝子作為飲食。

送給孝子的是糜，因為孝子還要依賴它作為飲品，是故便只能是粥水。

當時不以為粥水不堪果腹，反之，還以之為養老之食。還是那本《禮記》「養老篇」說：「仲秋之月，養衰老，授几杖，行糜粥飲食。」那是認為稀粥對老人更加適宜了。

所以後來便有許多養生的粥品出現了。到了宋代，陸游且有《食粥詩》云——

世人個個學長年，不悟長年在目前。
我得宛丘平易法，只將食粥致神仙。

陸游高壽，九十餘歲始逝世，這或許真的是食粥的功效。詩中的宛丘，指宛丘張耒，他寫有一篇《粥記》，勸人每日食粥，其言曰——

每晨起，食粥一大碗，空腹胃虛，穀氣便作（便起作用），所補不細。

這真的是價廉物美的補品，是故陸游翁才稱之「平易法」焉。

所以廣府人用粥做早餐，實在是很衛生的食制，此則相信為南宋中原人士帶來的飲食文化。不過廣府人的早餐，已非以白粥為主，肉丸粥、及第粥、魚片粥，生滾而食，雖或不及白粥之養生，但卻真的是粥的美食。

若說到養生，那就要一談清代曹庭棟的「粥譜」了。他寫了一本《老老恆言》，粥譜是其中的一篇。曹氏善於養生，活至九十餘歲，歷康熙、雍正、乾隆三代，可謂盡見太平盛世，真人瑞也。

他的粥譜，錄粥的食制一百種，分上、中、下品，其「杏仁粥」即今廣府人的杏仁糊、「芝麻粥」即「芝麻糊」，是皆列為上品。這真的是廣府飲食文化足以自豪的事。

如今只一談他的「茗粥」。

毛文錫《茶譜》云：「早採為茶，晚採為茗。」茗粥即是用秋茶泡水，然後用茶來煮粥，此粥甚益腸胃，甚至可治痢疾。

王亭之煮茗粥，用「秋茶鐵觀音二〇一一」（這樣的茶名真要命！）不濃泡，僅泡三十秒鐘為度，盡兩壺茶，八泡而止，已經是夠煮粥。食時不用糖鹽等調味，空腹食之，即覺茶香溢於舌本，此即是仿效曹老人的食制。

薏苡仁粥可抗癌云

近日忽傳薏苡仁可以治癌，其功能為阻慢癌細胞的生長，故可與電療配合云云。此傳說未知是否屬實，然而「薏苡仁粥」卻可一談。

薏苡是甚麼，廣府人可能不熟悉。然而徐悲鴻有一幅畫，畫雙鵝，題曰：「日長如少年」，雙鵝的配景，即是薏苡，一鵝俯頸下食，亦正是在吃薏苡仁，此幅有印本，不妨找來一看，便知端的。

廣府人食薏苡仁，目的在於袪濕。大暑天，用薏苡仁煲冬瓜湯，或煲冬瓜粥，消暑袪濕，有利腸胃，如斯而已，蓋從未想到可有益於絕症也。

用薏苡仁煮粥，可謂古已有之。明高濂《遵生八箋》，即載有「薏苡粥」法——

「用薏仁淘淨，對配白米煮粥。入白糖一二匙食之。」

這記載説得很明白，所謂「對配白米」，即是薏苡仁與白米等分之意，一齊入水煲，米爛而薏苡仁亦爛矣。粥宜甜食，故用白糖。

清人曹庭棟的《老老恆言》，以及黃雲鵠的《粥譜》，皆收薏苡仁粥，曹氏且將之列為上品，可見一向以來，中國人講食療者，皆推崇此粥養生之功。

今人所食以葷粥為多，大概亦沒有那家女人肯煮早粥、晚粥者矣，連王亭婆亦如是焉。其實這類養生粥品，實在值得提倡。昔年盛暑，王亭之倒例必吃一兩次薏苡仁粥，則加煉奶而食，不加糖。用煉奶，於甜之外，且份外芳香，粥亦更滑。既云對治癌抗癌有功，實不妨一試也。

山藥和它的「仔」

在香港人眼中，薯仔乃是鄙食，此蓋受薯仔炸魚之累。當年在英國統治期間，連街邊小販受了氣，都會發罵曰：「返祖家批薯仔啦！」由是此物即便不能上大枱。

最近加拿大政府發表一項公告，謂「高澱粉」食物若經油炸，會產生致癌物質，於是炸薯條與炸薯片立刻有難，看電視時，吃的人少了一些，代之以「甩」（nut，即硬殼果）焉。

王亭之聞此消息，立刻想到中國古代的山藥食制，炸薯仔之腐朽化為山藥之神奇，此豈洋食制可以望其脊項者也哉。

山藥原名薯蕷，名見於東漢的文獻，廣府人稱馬鈴薯為薯仔，可能即由此古名而來，蓋謂馬鈴薯乃山藥之「仔」也。後代文人好事，乃有山藥、山芋之名，更雅則為玉延，比之為玉，此豈薯仔所可比者耶。

傳說謂東漢永和年間（西元一三六年頃），有人到衡山採藥，迷途糧盡，幸虧於山巖中遇到一老者，將煨熟的薯蕷給他吃，並指以歸路，一行六日然後抵家，六日內便全靠這一頓薯蕷。從此衡山即便以此物為名食，蓋以之為神仙之食也。

著名的才子江淹（即是「江郎才盡」那位江郎），據此傳說寫了一篇頌，說道——

花不可炫，葉不足憐，微根倘餌，棄劍為仙。

即云其花葉皆不足貴，唯食其根，則可以成仙，而醫家亦謂其補中益氣，補脾健腎，近代藥學家則謂其含有一種黏性蛋白質，對人體有特殊作用云。在於藥名，此即所謂「淮山」，淮山是淮山藥的簡稱，山藥以產於淮河流域一帶者為貴，故冠以產地之名，名淮山藥。

山藥在宋代有一個很著名的食制，即是蘇東坡的「玉糝羹」。他有一首詩，說其弟蘇過忽然出個主意，用「山芋」作玉糝羹，「色香味皆奇絕，天上酥酡則不可知，人間決無此味」，比之為天人所食的乳酥。詩云——

香似龍涎仍釅白，味如牛乳更全清。莫將南海金齏鱠，比作東坡玉糝羹。

這個羹的製法，蘇東坡沒有傳下來。後來林洪在《山家清供》中，說為——

槌蘆菔（蘿蔔）爛煮，不用他物，只研白米為糝。

他不用山藥，改用蘿蔔，實不知山藥之味。後來清代的《調鼎集》亦有此食制——

生芋搗爛，擰汁，雞湯燴。

是則又將蘿蔔改為芋頭，更加以雞湯，肯定已將蘇東坡的清甘代為濃鮮，用意完全不同。此或童北硯不知「山芋」即是山藥，以致自作聰明也耶。

王亭之卻以為，蘇東坡的玉糝羹是甜食，所以才以乳酥來相比。乳酥也者，即是雙皮奶的那層皮，當然美味。王亭之的猜想，有昔年庶祖母盧太君的食制為證。那是將從中藥店買回來的淮山（已切片）蒸熟，搗爛，略和以牛乳，煮成糊，加冰花食。此食制當時家人稱之為「淮山羹」，真得東坡之遺意也。

山藥宜甜食亦有根據。宋陳達叟的《木心齋蔬食譜》有「玉延」一條云——

> 山有靈藥，錄於仙方。削數片玉，漬百花香。

註云——「山藥也。炊熟片切，漬以生蜜。」那即是蜜糖漬山藥片。

清代名詞人朱彝尊的《食憲鴻秘》亦有「山藥膏」一條云——

> 山藥蒸將熟，攪碎，加白糖。（或）淡肉湯煮。

此所謂「膏」，正是稠濃的糊。

依朱彝尊，此食制可甜可鹹，而甜者無非只加白糖，是未及王亭之家廚之製焉。不過，這亦可證明山藥羹糊實宜甜食。

後末清道光年間的薛寶辰，在其《素食說畧》中，介紹了兩個山藥食制——

> 刮去皮，切長方塊，或不切，放盤中，以白紙覆於其上蒸之。蒸爛，糝糖食。

以白紙覆蓋着山藥很重要，避免「盜汗水」滴在山藥之上。

> 切塊，按五分厚，一寸寬長，以豆腐皮包之，外纏以麵糊（炸漿），以油炸之，此即隨園所謂素燒鵝也。

其實《隨園食單》並非用油炸，而是「煮爛山藥，切寸為段，腐皮包，入油煎之（不用炸漿），加秋油（抽油）、酒、糖、瓜薑。以色紅為度。」這有如生煎腐皮卷。

王亭之仿隨園遺意，命侍兒阿品，以薯蓉拌蝦米、臘肉為餡，作煎腐皮卷，雖由山藥降格為薯仔，亦自以為美食焉。不好叫做素燒鵝，乃名之為「黃玉卷」。

如斯食制，自無致癌之虞，抑且勝薯條、薯片許多，是故自我陶醉，為人所笑，我自甘之。

宋代的福建《荔枝譜》

王亭之喜啖荔枝，認為是果中之王。近年移家海外，遇着「大年」，亦可一啖糯米糍，若「小年」則欠奉焉。荔枝隔年豐收，隔年歉收，豐收稱為大年，歉收稱為小年。

關於荔枝，有兩本很著名的文獻，一為宋人蔡襄的《荔枝譜》，一為清人吳應逵的《嶺南荔枝譜》。前者流傳甚廣，於王亭之童年，幾乎凡讀線裝書的人都讀過此書，後者則流傳不廣，幾乎等如冷書。然而時至今日，也許很多人都不識蔡襄了。

近日王亭之患感冒，口淡淡，思食生果，於是便十分懷念荔枝，於懷念之餘，亦想介紹這兩本令人垂涎的文獻。

今且先談《荔枝譜》。

作者蔡襄，是宋代的著名文士，福建人，又在福建做官，頗有政績，是故有榮名，如果向福建人做民意調查，王亭之相信他得分在九十以上。

他是大書法家，「蘇黃米蔡」四大名家，「蔡」即是指蔡襄。《水滸傳》說是奸太師蔡京，那只是為了遷就故事情節而說，並不真實。在宋代，文風之盛首數江浙，福建名居第二，遠在廣東之上，所以福建的飲食文化亦十分蓬勃，所以對福建人真的不可小看了他。即如《荔枝譜》一書，篇幅不多，而史實詳盡，是一本第一流的飲食文獻。

蔡襄先談荔枝的故實，說荔枝初入中原，由漢初南粵王尉陀進貢開始，由是中原人始知有荔枝，當時名之為「離枝」，見於司馬相如的《上林賦》。

最著名的故事，當然是楊貴妃令四川貢荔枝，由驛站傳送，一站一站快馬接力，將荔枝傳送到京師。不過蔡襄卻以為楊貴妃實在未吃過好荔枝，所食僅為「腐爛之餘」。況且，荔枝僅生長於廣東、福建、四川，三者之中，四川的荔枝最下，所以四川人蘇東坡來到廣東，得食嶺南荔枝，才會說「不辭長作嶺南人」。由是可知，當日楊貴妃真未吃過荔枝的上品也。

蔡襄正因為荔枝上貢，凡貢洛陽者必取於嶺南，凡貢長安者必取於巴蜀，所以他才以鄉里身份，撰寫這本專介紹福建荔枝的《荔枝譜》。

他說，福建荔枝唯產於四地，福州最盛產；興化軍（今仙遊縣）所產最為奇特；至於泉州與漳州，所產十分著名，只可惜從來無人記載，因此他的《荔枝譜》，着重於泉漳二州的品種。

福州的荔枝，一家人之所植可至萬株，當果熟時，遠遠望過去，有如星火，鮮明映蔽數里，商人統統收購，運去新羅（朝鮮）、日本、琉球、大食（中東），所以當地人反而很少吃到荔枝。

商人外銷荔枝，用「紅鹽之法」來泡製。所謂「紅鹽」（鹽字讀艷音），即以鹽梅醬染大紅花水，成為紅漿，然後用來浸漬荔枝，浸後再將荔枝曝日使乾，於是外殼鮮紅，只是荔枝亦因此變酸，但可保存三、四年之久。

當時亦有荔枝乾，稱為「白曬」，即是不浸紅鹽而曝之令乾，但卻能保存一年。

由於以供應外銷為主，所以福州荔枝沒有名種，唯「江家綠」最為著名。興化軍所產則多名種，其中「陳紫」一種，號稱天下第一。當時福建的富貴人家，若不能吃到這種荔枝，即不滿意。這種荔枝唯產於一戶陳姓人家，每當開採時，陳家關門閉戶，買荔枝的人隔牆遞錢入去，任由主人給多給少，不敢計較。賣荔枝賣到這個地步，真的亦可稱為霸矣。

陳紫荔枝，上潤下圓，大約一寸五分直徑，「香氣清遠，色澤鮮紫，殼薄而平（不起釘），瓤（肉）厚而瑩，膜如桃花紅，核如丁香母（細核），剝之如水晶，食之消如降雪（入口便融化），其味之至，不可得而狀也（味道說不出來那麼好）。」

當時的人，亦有將陳紫的核擇肥沃之地來種植，但種出來的荔枝卻相差甚遠。這情形，就真的有點像廣東的增城掛綠了。

當時福建興化軍人種荔枝，一家一樹即便可以成品。陳紫僅得一樹，前面提過的江家綠亦僅得一樹，蔡襄品評道，它較陳紫香氣稍遜，味亦稍淡。最大的荔枝，真徑可至二寸，以「方家紅」最為出名，每年只結實一、二百顆；所以能吃到的人很少，亦不能像陳紫那般發售。

此外有「小陳紫」，當時與陳紫一齊種植，兩樹相距只數十步，及至成長，小陳紫卻相差甚遠，但亦為名貴品種。

故事性最強的是「宋公荔枝」，據說是陳紫種，然而樹極高大，當蔡襄時，樹已三百年老（陳紫之老由是可知）。這株樹本屬於王氏，當唐代黃巢作亂時，黃巢的兵想將樹斬下來當柴燒，王氏老婦抱着樹哭泣，求與樹一齊死，因此才將樹保存下來；後來樹歸宋氏所有，由於子孫仕宦，所以人稱之為宋公。

一家一樹，恰恰跟福州的一家萬樹成一對比，所以興化軍的荔枝，雖屬精品，恐怕亦已早成絕響；試想，於宋代已三百年老的樹，尚焉能傳至今日耶。

《荔枝譜》記的奇異品種，還有綠色核的「綠核」，以及「雙髻小荔枝」，這種荔枝並蒂雙頭而小，是故得名。曾詢之於福建友人，皆云未之見也。

最後，當然要說香艷的「十八娘」。這種荔枝如今還有，十年前，王亭之還得一嘗。荔枝細長，故人比之為少女。相傳閩王第十八女愛啖此品，死後在墓旁即植此品種的荔枝一株，成為名種，然而，這恐怕只是傳說而已。

但若依王亭之私見，廣東的荔枝多盛產而為名種者，這就應該勝於福建的獨樹。

嶺南荔枝，最為上品

《嶺南荔枝譜》為道光年間鶴山文士吳應逵撰。成書的因由，是因為不忿福建人許多關於荔枝的文獻，「自誇鄉土」，於是在荔枝灣舉行一次雅集，一邊避暑，一邊徵集文獻，由是即成此書。

這本書實在比蔡襄的《荔枝譜》寫得好，蔡襄而後者更不足道也。他這本並非自撰，而是稽鈎文獻，分門別類加以摘錄，所以每一條資料都有出處。

例如他引清代名詞人朱彝尊《曝書亭集》說——

「以余論之，粵中所產掛綠，斯其最矣。福州佳者尚未敵嶺南之黑葉。」由是可知蔡襄說「廣南州郡所出，精好者僅比東閩之下等」，無非只是「鄉曲之論」。朱彝尊是浙江人，他的評論自然比蔡襄客觀。

他又引用《本草綱目》——「食荔枝多則醉，以殼浸水，飲之即解，此即食物不消，還以本物消之之意也。」

原來如今我們吃荔枝過多，用殼煲水飲，這土方出自《本草》。

另外還有一個土方，食荔枝過飽，則食黃皮以消其熱滯。原來這土方亦有根據，出自屈大鈞的《廣東新語》，那就是明末清初已有此解荔枝熱的方法了。

嶺南荔枝分「水枝」與「火山」兩大類。夏至前熟的叫做水枝，味酸，其酸稱為

「上水」；夏至後熟的叫做火山，其甜稱為「上糖」。名貴荔枝多屬火山，唯黑葉一種，是水枝中的上品，在清代，黑葉又名為金釵子。

最早熟的水枝是「三月紅」。相傳宋端宗走難到廣東，住在馬南寶家中，其時荔枝未熟，一樹皆青，端宗嘆息道：「惜未熟不能啖也！」因為他隨即又要繼續走避金兵的追趕，不能逗留。誰知一宿之後，明日荔枝盡紅，於是端宗得飽啖。這真是末代皇帝的悲喜劇，然而從此即有「三月紅」這一種了。

三月紅之後，早熟的荔枝有「犀角子」一種，粒粒荔枝尖而曲，似犀角，其核亦如犀角，是故得名。這種荔枝如今已經不傳，唯有「四月紅」一種，如今在海外得食者，即以此種為多，核大小參差，味亦酸甜不一。

至於黑葉，陳村所出者最為名貴，相傳當年有一村婦，用頭上的金釵來換荔枝種，是故又名金釵子。此名於今已經不傳，但陳村黑葉實在是黑葉的上品，核小，味甘、有香，非普通的黑葉品種可比。

黑葉之後，輪到火山荔枝登場了。最先出的是懷枝，當時又分為三品，名為「小華山」、「綠衣羅」、「交几環」。可惜如今已無此等名目，因為都給拿來冒充「糯米糍」了。

叫做「懷枝」，是因為嶺南著名經師湛甘泉從外處懷核以歸，交鄉人種植。因為湛甘泉官至尚書，所以又名「尚書懷」。王亭之小時候還吃過好的懷枝，有丁香味，如今冒充糯米糍的懷枝，則連丁香味都沒有了，可能是老樹已亡，而新樹則已變種之故。

用來入饌，上品懷枝其實很適宜。不可經火，經火則香味散；所以宜先將荔枝肉平鋪於碟底，炒肉片乘熟蓋在荔枝面上，稍注荔枝汁，再加蓋一分鐘，立即上枱，則肉片有荔枝的香氣了。這個方法，亦可用桂味，唯不宜糯米糍，因為糯米糍以味勝而不以香勝。

最香的荔枝，其實是「新興香荔」，在清代，它是個名種，因為不但香，而且一定細核。可惜清初尚可喜在廣東做藩王，因為太喜歡這種荔枝，於是令官差將好的新興荔枝樹封守，老百姓不堪官差的滋擾，於是漸漸將樹伐去，由是新興荔枝便已無香荔。

做大官做得糊塗，便禍及根種。大官下一個命令，拍一拍桌子十分容易，他卻不知自己的命令可以禍延子孫。如今已無好的新興香荔，即拜大官及其問責的師爺所賜。

然而六祖法堂的一株新興香荔，其死亡卻恐怕不關大官的事。那是六祖手栽的荔枝樹，由唐代至清代，枯而復榮已歷數次，今所存者即其孫枝，每年只生數百顆，不過已不如祖枝遠甚；何以知之，以其香味實尚未如桂味，而清初的人，卻說它比桂味，香味皆勝。王亭之在六十年代吃過「六祖香荔」七八顆，當時即認為名不符實。

《嶺南荔枝譜》記載「糯米糍」，稱其又名「水晶丸」，說為「肉厚而韌，香液與掛綠最似」，是故號為「嶺南第一品」，以番禺北村所產者最佳。

王亭之吃過最好的糯米糍，是統戰物資，因為王亭之亦曾吃過一顆增城掛綠，雖然事隔多年，卻亦尚能比較，糯米糍的香不及掛綠遠甚，掛綠一剝開殼便已聞香氣，糯米糍則絕無此。但糯米糍的甘腴肥厚，則實在可與掛綠比美，其汁液之豐，兩者不分伯仲。

但若論香氣，掛綠則似不及桂味。桂味以蘿岡洞所出者最佳，它的殼有刺，較厚，可是細核，肉有桂花香，實為荔枝中的上品，王亭之私見，桂味其實勝於糯米糍。

至於掛綠，當然是荔枝中的極品。所謂掛綠，並非只是一條綠線，而是在眉或腹有一小片綠色。它的特色，稱為「龍頭鳳尾」，荔枝蒂兩邊，一高一底，高者稱為龍頭，低者稱為鳳尾，所以如果蒂兩邊高突而平均的，雖有綠線，亦必非真正的增城掛綠。

《嶺南荔枝譜》唯一介紹的一條荔枝食制，是宋代詩人黃庭堅的荔枝湯。方法是搾荔枝汁，然後與蜜糖水混和，即加入鮮剝荔枝肉，火煮滾，然後注入熱盞中飲用。還要「用紗囊盛龍腦先撲熱盞」。

這個食制看起來似名貴，但用龍腦香來混和荔枝香，實在不算天然。黃庭堅不是食家，由此可知，他的食制，恐怕未及當年王亭之的家廚。何以故？只是説他沒福緣吃到廣東的上品火山荔枝。

「裹蒸」與「梘水糭」

元人《易牙遺意》載有「裹蒸」一則：

「糯米淘淨，蒸軟熟，和糖拌勻，用箬葉裹作小角兒，再蒸。」

此種裹蒸，無非是糖糯米飯，居然可入食譜，足見古人生活簡樸，將米麵蒸蒸煮煮，弄點花樣，即成為一時名食。如本品，其特色恐怕即僅在於「用箬葉裹作小角兒，再蒸」耳。

若與今日之蓮蓉梘水糭比較，當然以「蓮蓉」及「梘水」為踵事增華。

然而「裹蒸」之名，目前似僅留傳於廣府，或者即是南宋時文化南移的結果，廣府人改甜為鹹，又加綠豆，非常之有飲食文化。

因為若用肉食，則不宜用瘦肉，瘦肉韌、糯米軟，兩者的咬口不同。用肥肉，彼此的咬口相近矣，唯糯米吸收肥肉的油，效果殊不佳，因此又必濟之以綠豆。故最正宗的裹蒸，僅用綠豆、五香粉拌肥肉作餡，「肇城裹蒸」即是如此。

三十餘年前遊肇慶，凌晨五時即往一家老字號候食裹蒸，所食即僅綠豆肥肉餡，如今香港人加以鹹蛋黃、燒鴨、北菇，甚至加花生作餡，未免太過不照顧到咬口，有如雜陳餚食，吃糯米飯。

然《易牙遺意》又另載「糭子法」，其云——

「以艾葉浸米裏，謂之艾香糉子。凡煮糉子必用稻柴灰淋汁煮，亦有用些許石灰煮者，欲其艾葉青而香也。」是法則應是「梘水糉」的古法。

「艾香糉子」無餡，另一法——

「用糯米淘淨，夾棗、栗、柿乾、銀杏、赤豆，以艾葉或箬葉裹之。」這便有如「八寶糯米飯」。

古代食制，今人多嫌其甜膩，故即使是今日流行的「裹蒸」與「梘水糉」，亦必有淘汰的一日。正如今人淘汰了元人的「裹蒸」與「艾葉糉」也。唯懷舊之士，卻不妨依古法一試。

裹蒸宜小不宜大

香港的裹蒸糭，愈貴愈不好吃。要賣貴價，糭商於是便落足材料，火腩、肥肉、燒鴨、花生、栗子，一味多，然而綠豆卻少。這種裹蒸，與街邊檔相比，大大不如。

王亭之吃過真正的肇城裹蒸糭。清晨六時開賣，吃者卻不甚多，因為本地人日日有得食，已經食到膩。

肇城裹蒸的特色，只是綠豆多，裹着肥五花腩來燉，肥油燉化，滲透於綠豆之中，其妙端在於此，而不在於用料雜且多也。

不通的製法，是用花生及栗子，這兩種硬殼果，肥油既不能滲入，又帶咬口，與綠豆的咬口不調和，食之可謂大煞風景。

更不通的製法，則是用帶骨的料，諸如燒雞、燒鴨之屬，無非「砧板料」而已。一面吃裹蒸，一面要吐骨，不知算甚麼。

所以積累經驗，吃裹蒸千萬不可吃貴價貨，愈是「糭皇」，愈宜避之則吉。

糭不必大，大則肥肉的油難以滲透均勻，而且鹹蛋黃用得多則滯，用得少則因糭大而欠香，故以丁方四五寸的立方體最為適宜。只要火候足則必甘香，蘸以白糖，不必計算「卡路里」及「膽固醇」的含量，否則會食而無味矣。

至於點糖食抑或點以熟油豉油，各隨人之嗜好，王亭之自己愛用白糖，但不愛用糖膠，尤其是美國食「班戟」用的糖膠，用來食裹蒸糉乃屬最大的敗筆，食梘水糉則尚可勉強。

裹蒸甜食，好處乃在中和肥豬肉的油。不妨看看「小欖菊花肉」，以及杏仁餅所用的「肉心」，無不以糖漬之，因知肥肉固宜甜食也。

糖漬肥肉，可以解去肥膩，但卻不宜有五香粉味混雜，因此製糉者於製肥肉時，落五香粉不宜太多，多則對喜甜食不宜。

何妨食豬肉

一

豬肉的食制，到了元代，由於沾染到大漠人士那種粗豪的食風，因此便有燒炙之制。元人《居家必用事類全集》，有「鍋燒肉」及「爇燒肉」二則，可見其食風一斑。「鍋燒肉」不專為豬肉而制，凡豬、羊、鵝、鴨等，皆可用之。先將鹽、醬、調味、香料等物，將肉醃數小時，然後將鍋燒紅，遍澆麻油，以柴棒將肉架起，乃用瓦盤將鍋蓋住，周圍且用紗紙封密，如時慢火焗肉，至熟為度。

此法所謂「鍋燒」，其實只是將肉焗熟，不似明火燒烤之所以為燒也。可是「爇燒肉」卻正屬燒烤——將肉切片，用刀背搥軟，再用滾水稍灼，取出，用布吸乾水分，然後拌以作料調味諸物，上爇不住手翻燒。

這種食制，即是叉燒的前身，但一用肉片，如西人之「巴巴喬」，一用肉條，而所用之爐亦不同耳。

由元人的食制，特別是「爇燒肉」之法，蓋可見其受外來民族食制的影響。由此開出燒烤一路，足見食制的改變，在不離歷史文化背景，焉如今之所謂「新派」，一味在偷工減料上做工夫，且嘩眾取寵，於是乎便沾沾自喜，以為真可稱為發明矣。卻不知古人之食制變化純出乎自然，毫無矯揉造作也。

二

前述兩種元代食制，雖然普及，然而講究飲食的漢人，卻依然未肯全盤接受。

元代末年，名畫家倪雲林專研飲食，著有《雲林堂飲食制度集》，載「燒豬肉」一則，方法便多漢人飲食制度的色彩——

> 將肉洗淨，以葱、椒、蜜、鹽、酒擦之。鍋內用竹棒將肉擱起，且置水一盞、酒一盞於鍋中，蓋鍋，用濕紙封縫。若燒至紙縫乾，復須以水潤之。
>
> 安鍋畢，用大草把一個，燒。不撥動。候草把燒完，再燒草把一把。住火約頓飯頃，以手撫之，鍋蓋已冷，於是開蓋，翻肉，再封蓋如前，燒草把一個，候鍋蓋冷，肉即熟。

這種食制，粗視之似「鍋燒肉」，然而細考，便知講究得多。「鍋燒」用麻油澆鍋，燻肉者唯油氣，豈如用水蒸氣及酒氣之清且香耶。「鍋燒」者用醬及香料醃肉，此則用蜜，且用鹽擦，既較入味，且蜜味亦較椒味斯文，可見元代的漢人，始終保持着用酒及蜜來調味的傳統。

而且，加熱方法亦勝「鍋燒」。分開兩次加熱，肉便兩邊都沾酒香，住火即有如焗燒，使蒸氣得以滲入肉裏，與肉汁融和。若不住火，則蒸氣始終為蒸氣耳，焉得入肉耶。

是故王亭之讀「雲林」食制，常浮荼種讚，此種用心精微之處，「新派」必不知也。

三

明代吃豬肉，比倪雲林還要講究，例如著名的文士陳眉公，即有「骰子肉」法，可謂噍唧。清代詞人朱彝尊援引此法，入其所著《食憲鴻秘》之內，且特註明為「陳眉公方」——

「豬肥膘，切骰子塊（即如骰子大小），鮮薄荷葉鋪甑底，肉鋪葉上，再蓋以薄荷葉，籠好，蒸透。白糖、椒鹽摻滾。畏肥者食之亦不油氣。」

此乃以薄荷之香滲入膘裏，復以白糖去肥，是故為精巧，似專為畏油氣者而設。

王亭之甚至懷疑，中山的菊花肉，澳門咀香園杏仁餅的肉心，用白糖醃，且壓之以重石，令肥膘去盡油，此即明人之法，亦即陳眉公之遺法也。

明人治饌，喜食雞不見雞，食肥不見油，陳眉公之法亦猶是耳。這種食法傳到清代，可謂變本加厲。《紅樓夢》中，王鳳姐對劉姥姥所說的「茄鯗」，便是食茄而不見茄。

然而治饌亦有走平實路線者，如《隨園食單》之「白片肉」，即是此類——

「須自養之豬，宰後入鍋煮到八分熟。泡在湯中一個時辰取起。將豬身上行動之處，薄片上桌，不冷不熱，以溫為度……割法須用小快刀片之，以肥瘦相參，橫斜碎雜為佳。」

這種食制，可謂平淡無奇，不過將豬肉白煮。雖白煮，卻有鮮味，然而卻須多用豬肉，故隨園之法，實用全豬也。

隨園又云：「滿州跳神肉最妙。」滿州人食跳神肉，最妙在於自割自食，且自攜醬料，割則自行蘸醬。這種醬料其實亦很簡單，只不過是原曬麵豉醬耳。

隨園記治豬肉之法，不下十則，唯粉蒸肉一味，至今尚流行於外江菜館，或改為粉蒸排骨，則以今人忌肥，而粉蒸肉卻最宜以半肥瘦肉整治。至於粵廚，則連炒肉絲都不堪落鍋，必改為雞絲，卻不知豬肉之味未必輸於雞也。

前人考廚房，必以豬肉絲考之，或配銀芽，或配菜薳，食者及廚人皆不廢豬肉，可是，如今逢「新派」必以「海鮮野味」來號召，偏食偏制，莫此為甚，而豬肉廢矣。這種食風為口之福，抑或為口之禍，王亭之不敢置評。不過連肉絲、肉片都弄不好的廚人，居然號為名廚，王亭之讀到那些關於名廚的介紹，必汗毛豎起，而不知世間尚有羞恥事也。

圓蹄與扣肉

今人忌肥膩，忌肥就想起心臟與血管，故「荔芋扣肉」、「葛扣肉」之類，已成為不良食制，食之，比吸香煙還差。

王亭之喜食豬，尤喜食肥肉，居夷島（夏威夷），夷島芋頭香且粉，乃時時食扣肉焉。只可惜夷島的豬肉有腥羶之味，必放水沖透然後可食，而肉味則已盡失矣。故芋頭雖佳，而扣肉仍不美也。此乃居夷一大恨事。

閒常考之，粵菜的扣肉，與外江圓蹄，應屬同一源頭，或皆出於明人菜饌之「清燒豬」。此饌見於《宋氏養生部》。

「清燒豬」之法，取半肥瘦豬肉，先用鹽揉過，復取茄瓜對半剖開，剘稜，墊於鍋底，然後將豬肉置於其上，加葱、椒，紙封鍋，燒熟。

倘不用茄，則可用葫蘆瓜。然而無論用甚麼，目的皆在索油而已——此一如粵人的俗語，「扣肉芋頭」，即一味索油之謂。

由此演變，加醬料燒，豬肉不切塊，便成為圓蹄；若切塊，且夾芋頭或粉葛而燒，即成為扣肉。又由於有切塊與不切塊之別，所用的豬肉便亦不同，圓蹄乃用沙梨篤焉。

前人改良食制，可謂愈改愈精，所精者在於調味與入味，如「清燒肉」，肉不先走油，又不加醬料燒，香與味便皆不及圓蹄與扣肉，是則改良為是也。豈如今人，香味皆不知為何物，但知增加擺碟之色，便居然自稱「新派」。

王亭之願舉此一例，以明新舊沿革，食者重香重味，豈一味擺款取巧即是改良耶。

潮州「米潤」及「酥糖」

一

王亭之喜飲茶，且喜佐以甜食，於是乃有人花幾百元郵費，寄一些價錢不及二百元的潮州甜食與王亭之，既感其盛情，可是卻又替他肉刺。

盛情可感絕非虛話，因為寄來的兩款潮州甜食，乃張開合的「米潤」，與黃源盛的「酥糖」，百分之百潮州地道土產，寄者必自潮州家鄉帶來香港，然後付郵，光是這一番心事，王亭之已十分感激。因而便談此甜食可也。

二

先說「米潤」。王亭之食此，乃屬生平第一度，細品之，乃將糯米炒爆有如爆谷，然後和以豬油、冰糖，因此吃起來不像米通（潮州人則稱之為「米方」，此名蓋亦甚怪），因為不脆，但勝在夠糯夠清。所以食「米潤」，非飲工夫茶不可。工夫茶可以去油膩，此其一，飲茶後舌本清爽而略帶澀味，正合用「米潤」來潤其一潤。

說真的，昔年王公館的長輩婦女，有蘇州妹、有杭州女、有湖南婆、有天津姑娘、有廣西大嬸，當然更有南番順的女仔，可是卻偏偏沒有潮州妹嫁入王家，因此王亭之對潮州食譜可謂非常外行。只是因為生平多「潮州冷」[3]朋友，所以才學識飲潮州茶，食潮州菜；後來讀明代的食譜，以及明代的章回小說，才知道潮州食制所秉承者，乃是明代的飲食文化，由此研究，始稍得端倪。

可是這款「米潤」，王亭之卻實在不知其魂頭，因為記憶中明代亦無此種食制紀錄，客中無書亦不便翻查，勉強附會，其即為明人的「爆米」耶？

此款「爆米」，乃明人的乾糧，好似在《七俠五義》或者《小五義》，寫一名秀才上京赴試，乾糧中即有「爆米」。王亭之初見此名，還以為即是「爆谷」之類，一粒粒，但書中後來卻說，那秀才掏出「一方爆米」來吃，前後對證，其必為「米潤」無疑矣。將「爆米」和以豬油、冰糖，切成一方方，然後才便於攜帶，而且便於裹腹，要不然，一粒粒「爆米」如何下嚥耶。讀書不博物，往往猜不出所然，若非今番得食「米潤」，則當年的疑團終不解也。

三

如今再說潮州的「酥糖」。

看起來，簡直就是花生糖，抑且顏色不及花生糖明亮，但若加以品嘗，則風味可謂高出

3 潮州人將「人」字讀為「冷」音，所以「潮州人」便被名為「潮州冷」，此語絕無貶意，猶之乎「廣東人」稱為「廣東佬」，可是有些潮州人卻認為是對他們的諷刺。

花生糖許多。不但酥，而且香，所選的花生，粒粒明淨，王亭之牙齒不佳，嚼之亦不費力，兼且甜度適中，是故乃大合王亭之的胃口。

蘇州亦以出品酥糖馳名，而且出得幼細，酥糖內的餡亦多姿多采。若與潮州酥糖相比，可謂一文一武，各有千秋。照王亭之意見，二者皆明代食制，蘇州者較晚，而潮州者則乃明代初葉的遺風。

證據在於小說《金瓶梅》，書中提到一種食物，稱為「鮑螺」，有紅白二色，味各不同，李瓶兒最拿手製此食物，作為飯後的甜品，應伯爵吃到嘴角流涎，掏出一方手巾，包幾顆回家，推說讓老婆試試李瓶兒的手勢。王亭之為此乃對「鮑螺」大感興趣，曾花了點時間去研究那是甚麼食物。

後來讀明人張岱的「乳酪小品」，提到蘇州有一家賣酥糖的字號，以乳酪製鮑螺十分出名，店主人要閉門製作，連媳婦都不讓她知道製法，因而此蓋乃明中葉以後的著名甜食。而所謂「鮑螺」也者，蓋乃和以牛乳的酥糖，拔成螺形，是故得名。

王亭之曾經提到此食制，殷德厚老弟見報，乃來電告知，其先母的丫嬛尚能製鮑螺，用牛乳熬，熬完又濾，十分之費工，入口則甘香酥化，一啖即溶於舌本，牛乳味直達丹田，甘露醍醐亦無過於此。是則更可證實王亭之的研究所得。

大抵明初的酥糖，即潮州人的形制。傳至廣東，廣東人無法製得酥，便成為花生糖，後來又發展成為花生軟糖，已成另外一路食制。

蘇州人講究，將花生研成細粉來做酥糖的餡，再變化而有豆蓉、玫瑰糖、芝麻蓉等品種，又成另外一路食制。而二者的雛型，則皆潮州人用整粒花生做成的酥糖也。

由獅子糖到酥糖

王亭之喜潮州甜食，尤喜其酥糖。潮州好友知之，便或帶或寄，多所餽贈，然而食來食去，終以潮州一老字號所製之酥糖為上選。

此種酥糖，視之僅如不透明的花生糖，然而食之，不但糖酥，花生亦酥，用以佐鐵觀音工夫茶，南面王不與易也。只可惜此物必須購自潮州，由潮州帶到香港，再經十小時飛機始達番島，中途且或停站東京，是經歷四地，行程十萬里，可謂間關隔涉矣。

醫生正[4]來番島，攜欖仁明糖及鵝頸糖以贈，則為軟糖類，食之均不及酥糖也。鵝頸糖取其形似為名，欖仁明糖則以糖身半透明為號，不是不好，只是軟糖黏牙，而或用花生，或用欖仁，皆不如酥糖花生之香也。

王亭之懷疑，此蓋與北宋人所食之「西川乳糖獅子」有關。西川即是四川，蜀人以砂糖及牛乳煉成乳糖，久藏不壞，食之酥且脆，可視為酥糖之濫觴。其後明人所製之「鮑螺」，亦牛乳酥糖之類，只不過酥更過宋人之製，且入口溶化，食之如啖甘露，此可視為乳糖之極致。

4「醫生正」乃筆者宗親談秉正，亦為香港有名氣的食家。

牛乳之外，亦可用麵粉入糖製酥。麵粉須先用微火炒，然後入糖於麵內。糖硬，麵軟，以此調和揉合便能起酥。

依王亭之品嘗，潮州酥糖亦必用炒麵粉調和，是故不透明而酥，是則此乃明人遺製也。

至於花生每粒精選，炒香入糖，難怪食之齒頰香且津。香港唯糖果未有「新派」，以糖果難出綽頭之故耳。

醒園糕制三則

近日得《醒園錄》，是清人李化楠所寫的食譜。李化楠是四川人，但到過浙江做官，所以「錄」中所記蓋多清中葉浙江的食制，讀之可以看出一些飲食的變化。

王亭之最喜吃糕餅，所以對所記糕餅類食制，特別感到興趣，其「蒸雞蛋糕法」一則云——

「每麵一斤，配蛋十個，白糖半斤。合作一處，拌勻、蓋密，放灶上熱處。過一飯時，入蒸籠內蒸熟。以筷子插之，不黏為度。取起候冷定，切片吃。」

當時未有「發粉」，所以蒸蛋糕便不能取巧，非老老實實用全蛋不可。今日有些舊式糖水店兼賣白蛋糕，猶用此種製法。

唯其「蒸西洋糕法」，今日似已無人製作。法如下——

「每上麵一斤，配白糖半斤，雞蛋黃十六個，酒娘半碗擠去糟粕，只用酒汁。合水少許和勻，用筷子攪，吹去沫，安熱處令發。入蒸籠內，用布鋪好，傾下蒸之。」

由於只用蛋黃不用蛋白，所以非加入酒娘令發不可。是則所謂「西洋糕」，蓋亦蛋糕耳。雞蛋白滑、雞蛋黃香，只用蛋黃大概亦取香氣。此法不加牛油、亦不用乳酪蓋糕面上，乃不及今日「西餅」之多花巧，但兩相比較，王亭之卻寧願清一些。

又載有「蒸茯苓糕法」——

「用軟性好飯米（亭按：即粘米），擣得極細，研麵，用極細篩過。每斤麵配白糖六兩，拌勻，下蒸籠內，用手排實，米下時，先墊高麗紙一重，蒸熟。」

所謂「茯苓糕」，其實即是「米粉糕」，亦即今日之「雲片糕」。「茯苓」、「雲片」，無非象形。這種食制，則今日依然有人製作也。

宋代食制，一品大包

以前上茶居的人，比今人大食，故有「大包」食制。廣州茶居曾有「雞球大包」供應，至今已成絕響，可是在此之前，還有「一品大包」，用料極其講究，據說是宋代的食制，後來經南雄珠璣巷傳入廣州。

「一品大包」的用料，有蝦球、雞肉、腎球、豬腰、豬肝、鮑魚（切片）、瑤柱、北菇（原隻）。光看這些餡料，已知其名貴。

北菇因為是原隻用，要先蒸。蒸北菇有秘訣，北菇洗淨後去蒂，用滾水浸軟，連水加上薑汁、紹酒、鹽、糖各少量。浸北菇的水如為大半湯碗，須加油一茶匙，撈勻之後，蒸十五分鐘左右，即可作為包餡之用。至於瑤柱，則浸軟後乾蒸三十分鐘。

其餘蝦球等餡料，與調味品和勻，蒸十分鐘左右，熟用。用時再與瑤柱和勻，每個包另加冬菇一朵為餡。「一品大包」必須用熟餡，因為恐防生餡蒸不熟。

包的麵皮亦須先蒸。麵糰發好之後，擀開鋪在大湯碗底，蒸十分鐘，就在湯碗內用剝刀將之分成八片，然後加入熟餡，包妥（包的底部要弄得平滑一點），再將一隻同樣大小的湯碗反扣其上，急上反轉，令包皮變為向上，將切開的包皮整合後，連碗再蒸五分鐘左右，即可食用。

第陸章 飲食文化

咱家飲食文化

論飲食文化，王亭之不敢自謙，實以中國為第一。支流有二，南系為日本的和食，北系為遼東的高麗食制。至於如今朝鮮半島的食制，則為高麗食制的承繼。此一本二支之外，甚麼泰國菜、越南菜，則連支流都不配，只是中華飲食文化流播出來的小溪。

中華飲食文化的精粹，在於了解物候的特性和陰陽四時。此即「不時不食」，在於調和五味以應五行盛衰，此即「食不厭精」。這種文化，怎能還有漢堡包與色素飲品的容身之地，僅有和食尚能彷彿其一二。

四大文明古國，除中國外，印度菜粗、埃及菜燥、希臘菜澀，他們的文明不能在飲食文化中反映出來，恐怕跟他們的醫學未能與哲學融和有關。中國食制則以醫學為橋樑，接通形而上的哲思與形而下的飲食。

東方數中國，西方自然得數法蘭西。有法廚曾來王亭之私寓烹調，見其全副精神在於調製湯汁，用香料尤其仔細，去蕪存精而後用，落份量雖不用度量衡，但亦小心翼翼，溫度尤其講究，是皆為代代傳承的心得，廚師只在此心得中發揮。然而其用香料亦即適應物候，調和五行，是即與中華食制異曲而同功。只可惜如今多廚匠，中國飲食便給遺神而取貌，所以弄到連泰國菜都比不上。

且談「新派粵菜」

一

飲食文化，幾千年一直在發展，周代人士喜歡吃水魚，凡有大場面宴會，便以紅燒水魚作為盛設，當時稱之為「炰鼈」焉。

今日廣府人的紅燒山瑞，以及滬菜中的冰糖圓菜，一定不同周人的「炰鼈」，固不必稽鈎文獻，研究周人的具體製作方法也。最簡單的是從炊器去看，周人用鼎烹飪，現代人則用陶器瓷器，金屬受火程度與陶瓷不同，所以首先火候就不得不變。

如果製冰糖圓菜的廚師，大吹大擂，自稱「新派」，那一定笑掉人的大牙。為甚麼呢？因為這原是很自然的變化，即所謂其勢不得不變耳。器皿隨時代而變，火候隨時代而變，以致配佐亦隨時代而變，那原是自然趨勢，因此一代才有一代的食制；這些食制的改變，與歷史文化的改變可謂息息相關，大概除了今日的香港廚師，自古以來，實無人敢厚着面皮，自稱「新派」者，職是之故。

假如有人問：「閣下既是新派大廚師矣，請問，那鑊上湯已經倒了落坑渠耶？」王亭之相信，新派大廚師一定窒舌窒口；因為他無論怎樣玩噱頭，要花招，近百餘年已成為粵菜傳統的上湯，他依然非用不可，新鬼新馬耶[1]。

粵菜用上湯，乃咸、同年間的事，那時候十三行洋商興起，開始講究飲食，步武鹽商，然後才有上湯常備，在此以前，無非臨時煮雞湯調味耳。一用上湯，從此就變成傳統，並由此發展出許多食制，至今新派大廚亦決闖不出新的名堂。這就是歷史文化決定轉變源流的一個好例。

二

「新派粵菜」唯一可以解嘲的事，是藉着近年各省菜式流入香港，因此便說，自己的菜式設計是集合各省菜式之長而創新，是乃謂為「新派」耳。

唔，好吧！可是閣下又是否知道，各省菜式其實亦有自己的歷史文化者耶？

雲南的「汽鍋雞」乃滇菜重鎮矣，為甚麼會設計出那種「汽鍋」，目的即在於存氣，他們吃「汽鍋雞」必用田七，田七的氣味甚易發散，藥效亦隨之散失，因此非用那種汽鍋來燉不可。若用那種汽鍋燉燕窩，或者用普通的廣式燉盅來燉田七雞，都變成天大的笑話。

要吸收別省菜式的專長，一定要同時研究該省的人文文化，四川人食辣，湖南人亦食

1 寫此文時是一九八八年，當時香港酒樓尚用上湯調味，時至今日，已改為用清水加雞精，是即「新派」也；所以本文說新派廚師不用上湯，實在已經過時。近時還聽聞有「火腿精」、「一滴香」等調味品，那更非王亭之所能夢見。

辣，可是二者之辣卻截然不同。四川地卑氣濕，食辣重在去濕氣，去濕則可醒胃；湖南並沒那麼卑濕，吃辣便僅重在刺激舌本，因為他們沒海鮮，舌本愈受刺激，愈容易欣賞濃重的口味；可是，廣府菜若用四川人的調味，或者動輒就稱湖南，根本便違反了以海鮮為主料的食制原則。

所以王亭之見到一味「湖南大千雞」，就很為「新派粵菜」生悲。湖南是湖南，大千是四川張大千，居然可以拉在一起，又居然變成「新派粵菜」，那究竟算甚麼？

飲食文化不是不可以交流，可是亦決非不問血緣的雜交。

三

然而最要命的是，大凡一自稱「新派粵菜」，就必然跟投機取巧掛鈎。到這種酒家，準備吃裝修可也，如果是熟客，當然還可以吃到招待，若論菜式的色香味，則只好紙上談兵，因為欣賞食家的文字介紹，往往好過吃新派廚師撚出來的菜。

王亭之舉過例，在一家為食家交口捧場的新派粵菜酒家。四度落單，想吃一碟生炒芥蘭，四次炒出來的，都是灼熟而後炒，王亭之因此絕足該酒家。芥蘭以爽脆為佳，灼過才炒，則菜身變粉。「新派」但求省工夫，卻連基本的食制原則都不理及，還可以去幫襯耶？

王亭之還舉過一個例，那就是見於食家文字抬捧的「威化紙包龍蝦」。用龍蝦的零殘碎料炒荷蘭豆仁，然後包威化紙而炸之。若拆開威化紙，縱龍蝦碎加豆仁亦不過一小撮，分開來包，再擺碟，那就似樣矣。喏，這就是「新派」。

王亭之還可以舉一個例，在一家新派粵菜酒樓吃碗仔翅，居然落五香粉；王亭之問酒樓經理，經理曰：「吓？係，香的！」此一答，王亭之只好啞然失笑，上湯不靚，落五香粉自然是藏拙之道。喏，此又為「新派」矣。

許多違反飲食原則之事，都假「新派」之名而行之，究竟恃甚麼！

有一位「新派名廚」口出大言，曰：「我全靠文化界有班手足。」這輕輕一語，便全盤說出了「新派粵菜」的秘密。原來恃的就是文化界手足。然而，其手足之情，只由免費試食與公關費而來，對得起慕名而來的食客耶？

所以王亭之並不覺得名目創新，擺碟創新，加上投機取巧就可揚言為「新派」，倘若粵菜專走這條路線，過十年，就會完全失去正式粵菜的優良傳統。企圖走「新派」路線的酒家，利潤或者幾好，只可惜走的卻是一條不耐久行的絕頭路。

四

前面談到上湯，因此不妨談一談「太史田雞」，因為正是由此菜餚，觸發出上湯食制。

「太史田雞」是梁鼎芬太史的家廚食制，即是用田雞與火腿燉湯，再用這啖湯來扣冬瓜與田雞腿，田雞腿則先走過油。

這味菜，妙處在清，湯清而鮮，甚宜夏日，於是一時成為名饌。

後來十三行買辦輩吃盛餚盛饌吃到膩，因此便用田雞火腿熬湯，製作一系列食制，例如田雞冬瓜盅、田雞雞腿燴海蜇、田雞湯燴瑤柱羹，當時幾乎凡用田雞火腿湯來整治的菜餚，都一律冠以「太史」之名。

及至大三元酒家開業，翅王吳鑾的師父，才創出燴鮑翅專用的上湯，不用田雞，改用老雞與脢頭，卻仍然用火腿，加上陳皮，然後才熬出當時外賣一個銀圓一殼的上湯出來。許多人買回家作家廚治饌。

其後治上湯的配方甚多，且有人用牛肉熬湯以取湯色湯味較濃，這已經是一種變化。若將這種上湯跟「太史田雞」的上湯比較，可謂改變甚大；但是，卻未見作改變的幾位廚師，自詡為「新派」也。偏偏現在將骨湯加雞粉治餚的廚師，卻膽大大自稱新派而不面紅，然而又不敢說穿自己的上湯是怎樣的一鍋物事；你說，發展下去，除了騙騙未吃過正宗粵菜的人之外，尚敢說「食在香港」耶？

打「新派」招牌的人很重視宣傳，那倒是傳統粵菜館不及之處，若在宣傳之外，能將基本功夫練好，再順其自然創新變化，不強學西餐擺碟的花樣，不出噱頭來欺騙食客，則縱不自詡為「新派」，人必新之矣。不要忘記，當年「太史田雞」、「太史蛇羹」、「太平沙荷葉飯」，都曾經是創新的菜式，只是他們的創新仍以傳統為基礎耳。

新派粵菜，泛濫成災

王亭之近日留意到一些飲食業的廣告，竟然出現這樣的句子——「新派粵菜，與眾不同」。驟見這八個字時，想講粗口；但後來一想，他們只是聲稱「與眾不同」，卻未宣傳為比其他的粵菜好，也罷，幹甚麼要勞氣耶。然而卻引起興趣，想一談「新派粵菜」矣。

一

有「新派粵菜」這個名堂，只是近幾年的事。有一個飲食集團崛起，主廚聰明，將一些不值錢的物料，阿茂整餅一番，於是乎乃賣大價，然後做足「飲食公關」，結果就有所謂「新派粵菜」矣。想不到這個名堂，居然可以行世，公關之功，實不可沒。

不妨舉一個「新派粵菜」為例，厥名為「威化雞卷」。初聞此名，王亭之以為一定是有如「紙包雞」之類矣。蓋現代的紙包雞已興用威化紙。及至菜上，不禁啞然失笑，原來只是用威化紙包着一揸菜粒炒雞丁，計計價錢，毛利恐怕有百分之九十，倘如不用威化紙來包，原碟炒雞丁上枱，頂多收六折價錢。此即「新派粵菜」玄虛之所在。

然而香港人卻似乎頗受落這一套，食宣傳、食裝修之外，還食噱頭，難怪一年多就可以賺到一間酒家，令講求實際的酒家大為失色。講求實際者，決不信一張威化紙就可以增加菜餚的味道。

二

為「新派粵菜」作公關的人，振振有詞，認為時代變化，菜式亦應該變化，此言當然很有道理。

王亭之不妨就此道理一談。

如果有系統地閱讀歷代的著名食譜，就會知道，菜式的變化實在與文化的發展有關，並不是任何人想到一個噱頭，就能稱為改革。

蘇東坡謫居黃州，黃州的豬肉肥美，州人食不得其法，蘇東坡於是加酒加調味，慢火扣之，成為馳名的「東坡肉」。這種烹調豬肉的方法，當然可以稱為創新，可是蘇東坡決非胡來一起，而且亦簡單樸實，絕無噱頭。

照王亭之的意見，蘇東坡烹「東坡肉」之法，實在是偷杭州菜「酥鯽魚」的師。王亭之家傳此菜，乃將五、六寸長的鯽魚炸酥，然後一層葱、一層鯽魚，疊鋪於燉盅之上，澆以調味品，尤須用靚紹酒，再澆以熟油，慢火扣五小時，一揭盅則已酒香魚香一齊撲入鼻觀，鯽魚酥至骨亦可食。

蘇東坡曾守杭州，至今仍有一條「蘇堤」作為遺澤，是則他必然吃過「酥鯽魚」，他創製「東坡肉」的秘訣：「少着水、慢着火，火候熟時肉自美」，根本就是烹製「酥鯽魚」的秘訣。只不過豬肉本身有油，慢火扣之則油自外溢，故不必如「酥鯽魚」之加油同扣耳。

請看，蘇東坡的「新派杭州菜」，來歷分明，創思合理，毫無花巧，不賣噱頭，此豈專以偷天換日的手法便稱為「新派」者，可以望其脊項也哉。

所以創新云云，最主要是將烹飪方法應用得更適合，或者調味更可口，並不是賣弄花巧，而對食味毫無提高。若持此原則來檢定「新派」，則不會給「革新」之名嚇倒，亦不會受公關的影響，竟以為「新」即是佳饌。

三

對於「創新」，王亭之還不妨就鮑魚食制舉例。因為鮑魚烹調艱難，若將古今調治之法比對，然後便可知道創新的正確意念。

唐以前，食鮑魚之法不知，唐代唯食鮮鮑，片成薄片，生食，日本人的「鮑魚刺身」，即是學足唐法——順便說一句，日人的「天婦羅」，其實亦是學足中國唐代的食制，故至今日人常稱炸物為「唐揚」。

唐人重生食，尤喜吃魚生，唐詩云：「侍女金盤鱠鯉魚」，鱠也者，即是切成薄片的魚生，論刀法與食法，日人的「沙斯美」（sashimi，魚生刺身）不過婢學夫人耳。若香港政府准粵菜館賣魚生，王亭之包保可教食肆以華麗甘腴的魚生應市。今人嗜食「沙斯美」，以為日本人很懂得吃，說得嚴重一點，似數典忘祖矣。

唐人既食魚生，自然連鮑魚亦生食。可是到了宋代，鮑魚便有熟食之法，他們將鮮鮑切片來燒，未識「扣」之法也。故宋人食制，便有「燒鰒魚」的紀錄，鰒魚即是鮑魚。燒之外，亦用以製羹，則稱「石決明羹」，因為鮑魚殼在中藥本草上的學名，為石決明。

這種烹調鮑魚的方法，到了清乾隆年間才開始改良。《隨園食單》載鰒魚的烹調二法，依然一為鮑魚片豆腐羹，一為鴨扣全鮑。然而袁子才卻認為鰒魚性堅，可見其時尚始終無法將鮑魚扣軟。

由清中葉起，廚人卻已識扣鮑魚之法，而且可以用來對付乾鮑矣。蓋前人不識鮑魚之特性，原來鮑魚忌鹹，扣時稍有鹹味，即愈扣愈硬如鐵石，即使加幾片火腿，一樣會變硬。但鮑魚若見膠質及油質，卻會起「膠體化學」上的滲透作用，鮑身變軟，而且糖心。

昔年王亭之家廚，用半肥瘦豬肉連皮墊着鮑魚來扣，不落任何調味，即是利用豬皮的膠質，以及肥豬油的油質耳。扣時鮑魚自然會出汁，但不多，故可再用此鮑魚汁連同扣出來的膠質埋芡，甚為原汁原味。

你看，革新云云，必須如是。因為若不發現鮑魚的特性，便根本無法將之整治成為佳餚。宋代用假鮑魚上席，甚至宋高宗慶生辰，亦用假鮑魚而不用鮑魚，未嘗跟當時不善治此「海錯」無關也；否則堂堂皇帝生辰，豈連鮑魚都買不起耶。

這種革新，比用威化紙包住一包炒雞丁，或炒蝦球，加上甜炸合桃伴碟，又或用「塑膠帶子」蘸粉炸，其精神可謂相去十萬八千里。食家若能持此原則，檢定「新派粵菜」，究竟是創新，抑或只是花巧，便能不為公關所惑，知道自己付出的銀紙，究竟有無價值。

四

綜合上論，王亭之試釐定「新派」的原則如下——

若能善於利用物料特性，製成嶄新的菜式者，是；若烹調方式毫無改變，僅在形式上出花樣者，則不是。

第二，若善於移用傳統菜餚的烹調法，創成新食制者，是；若只是西式的擺碟工夫，則僅屬噱頭，絕非革新。

凡有革新，必須有一段歷史背景，前人不是蠢材，一位名廚或食家，終身只能革新一兩款菜式，如河南江太史之革新「蛇羹」；太平沙孔氏嶽雪樓之創製「荷葉飯」；先庶祖母之革新「米粉肉」；葉恭綽家廚之革新「羅漢齋」，皆屈指可數。若有人焉，個個月都可「革新」幾樣菜式，便應懷疑，此人若非數千年才出一個的絕頂廚藝天才，便是灑狗血，弄花頭的。

見「新派粵菜」，不妨計算一下實際成本，是否物有所值。一般來說，三毫三物料賣一元，乃非常公道的取價，純利僅得兩毫不到。若三塊錢的物料賣到三十元一碟，便知此「新派」云云，只是過取的幌子。此時便應留意，是否根本連食味都未有改良。

可檢定其物料的配搭是否合理。例如炒牛肉片，加炸過的南北杏同炒，便是走火入魔之作。物料配搭講究咬口相稱，刀法相稱，因此銀芽只能炒肉絲，決不能炒肉丁或肉片。若胡亂將物料配搭，便謂為創新，則天下第一名廚，當屬乞食街頭食千家飯的乞兒；因為他們乞到甚麼，就將甚麼配搭在一起。

王亭之鑑於食府近來已濫用「新派粵菜」之名，故特抒己見如上，雖然容易開罪各路英雄，但卻不忍心見到粵菜飽受摧殘，新招疊出也。王亭之特於文末，向有關人士鞠躬，雖然，王亭之的出發點，完全是對事不對人。

附言：如今改訂本文，想起在大陸時，亦常見「新派蘇菜」、「新派杭菜」等等名堂，所以本文所針對者，已非專為粵菜，讀者可用此原則來檢查這些「新派」。奇怪的是，杭州一家以賣煲老鴨馳名的舊派飯店，在香港亦居然開一家新派蘇州菜館，由此足見「新派」二字，已成飲食業的病魔。

「壽司」的祖宗

日本食制以「壽司」最為叫座，那是特好的壽司，非圖麟都（多倫多）濫竽充數者流。王亭之在京都浮舟園吃過一次，沒齒難忘。

這壽司，相信是唐代時由中國傳入日本，因為唐代京師的「饆饠店」林立，有志怪小說云，有人遇到兩個差人，見其服色似公差又不似公差，而且行藏有異，便一時多事，走過去跟他們打招呼，問他們是不是外鄉人，還帶他們去「饆饠店」飲酒。酒後，兩差人透露身份，原來是來人世勾魂的陰差。一打開勾魂簿，其人名字儼然在內，他連忙向二陰差求告，於是陰差便將他的名字抹去（不是勾去）。

所謂「饆饠」，前人解釋謂即是裹魚生的飯糰，是由西域傳來的食制，那就當然即是壽司了。

這食制，梵文名稱應即是 pinda，d 字不發音，是即為 pi 與 na 二音，可是 pi 又應讀為 bi，於是 bi 即被音譯為「畢」、na 即被音譯為「羅」，因為是食物，故又分別加以「食」旁。

梵文 pinda 意為圓，引伸即為祭祖專用的飯糰，飯糰內當然有餡，在印度未必用魚。只是傳入中國後，唐人即用當時十分矜貴的「鱠」來做餡，於是被日人學去，如今竟成為日本的食制矣。

壽桃與壽包

如今粵菜業普遍犯一個極大的錯誤，將「壽桃」稱為「壽包」，不祥之至。

昔日廣州的業界，壽桃、壽包二者分得很清楚。擺生日酒，上的是「壽桃」。擺喪家的「解穢酒」，因為喪事已經辦完，語貴吉祥，因此上「壽包」，此乃為參與喪事的人祈壽，甚符「解穢」之意。

當年有一軍長在北園酒家為母親擺壽酒，臨末，上壽桃，一伙計失口説為「壽包」，立即引起軒然大波，座上有人拔槍向天花板連射，説是當如燒爆仗以化解不祥。酒家主人當晚分文不收，還要翌日擺酒賠禮，兼為太夫人「添壽」。

這是民國初年的事，王亭之未及見，只是聽家中長輩述説，俾知禁忌。而凡所參加壽筵，皆留意到人人稱壽桃，乃知長輩所言之不虛。

可能因為四、五十年代動亂頻仍，香港的飲食業多外行人加入，於是茶樓酒館的老規矩盡廢，將壽桃稱為壽包即是其一。發展下來，香港業者索性廢掉壽桃之名，而解穢酒大概亦不上壽包，變成「壽包」是生日酒的單尾。此改變可謂甚大，完全喪失粵式酒席的風格。

奇怪的是，當此風初起之時，應該尚有人知道規矩，為甚麼無人加以糾正呢？這大概是受「各家自掃門前雪」之所累，乃令生日酒不祥。

祭尾禡習俗

農曆十二月十六日，是為尾禡。尾禡一到，新年便近，所謂急景殘年，令人甚為望歲。王亭之去年過尾禡，甚為簡陋，家中不開火爨，索性到飯館吃飯算數。若照舊俗，則頗費周章矣。

尾禡的菜一定不好，因為受到禡祭的限制。禡祭必用蓮藕煲豬肉、白切雞、白切肉，算是簡陋的三牲。

雖然三牲簡陋，但卻是女人演手藝的日子；因為每一樣禡祭的菜餚，例必飾以剪紙。雞放在中央，雞嘴含一個紅棗，用茨菇壓一個剪出來的「福」字，講究一點，剪紙的周邊飾以牡丹。

白切肉要講究薄，而且例必半肥半瘦，所以團團圍成一碗，看起來便有圖案美。亦用茨菇壓着一個「祿」字，放在雞的左邊。蓮藕豬肉湯則陳於雞的右邊，蓮藕不切，任其半露出湯面，伴以鮮生菜膽，在菜膽上面插一幅「雙喜」剪紙，或「吉」字剪紙。

廣府人祭神不喜用三碗五碗菜餚，蓋不似香港人，夾硬將「三」當作「生」；亦無「四」諧音「死」的忌諱，所以多煮一味齋菜，亦用茨菇壓一個「壽」字的剪紙。

倘如剪紙周邊有圖案的話，則圖案必須一律，看起來才整齊美觀。一律壓以茨菇，則取「添丁」之兆，蓋男丁俗稱為「茨菇蒂」。

家庭的禡祭不同舖頭，舖頭吃飯的人多，所以禡祭加多兩個菜，例如發財燒腩燜蠔豉，「好市發財」的意頭，實不限於「開年」。另一個菜則為臘味，為臘腸、臘鴨、臘肉、金銀潤[2]的四拼。

這兩個菜倘如要壓剪紙，則剪「貴」字及「吉」字。用「福祿壽喜貴吉」六個好字眼而不用「財」字，則是由於舊時的人並不視為財富為殷切期求的福澤也。

2 用豬肝切薄片，包着一長條肥豬肉，然後臘製。吃時橫切薄片，便見一環豬肝釀着一片肥肉，於是稱為「金銀潤」。金是豬肝的顏色，銀是肥肉的顏色，潤即是肝，因為廣州人覺得「肝」與「乾」同音，有點不祥，於是改稱之為「潤」。所以「金銀肝」便變成「金銀潤」，一如用鴨肝釀製的臘腸，不稱「肝腸」，改稱「潤腸」。如今有些人不明典故，將「潤」字寫為「膶」字，實大誤。

謝灶風俗憶談

廣府人謝灶，有「官三、民四、蜑家五、發瘋六」的說法。即官宦之家廿三日祭灶，民家則於廿四日，水上人家廿五，患痳瘋病的人於廿六日才謝灶。這種無明文的規定，相當遵守，而且來源古遠。

可是，古人說「灶乃老婦之祭」，廣府人卻不然，謝灶時例由男子主持，婦人甚至不得窺看，理由是灶神洗澡上天。大概認為一年三百六十五日，只有謝灶那天灶神才洗澡。

所以儀式隆重的謝灶，於黃昏日落時，女人即離開廚房，信手開飯，並在廚房陳設好一應謝灶的供品，以及神錢紙馬。飯罷，不收碗入廚，只打發男人沐浴更衣，入廚謝灶，待小孩子灑過「馬豆」之後，女人才收碗入廚操作。灑馬豆是餵灶神騎上天的馬，即送灶神爺上天，形式簡單，只是讓男孩拿着一小碗馬豆，向瓦面灑，灑時大人祝願：上天言好事，下界保平安。

謝灶所陳的供品，稱為「四甜」。所謂甜品無非麥芽糖、片糖、甘蔗、冰糖、糖橘、漬梅之類，任選四事。此中的麥芽糖最合古例。

蓋麥芽糖古稱為「餳」，賣麥芽糖的小販，以吹簫為市號，即所謂「吹簫賣餳」也。用餳祭灶，是企圖膠着了灶君爺的牙，使他不得對玉帝說壞話。

至於用甜品，行同賄賂，是甜住了灶神的嘴之意，不似麥芽糖有既甜且膠的雙重作用。

然而謝灶中最特別的，還是那一碟「馬豆」。在碟中略注清水，盛以白豆一撮，青草一撮。有水有草有豆，足供灶君老爺餵馬矣。於是在燒過神錢紙馬之後灑向屋瓦，算是將灶神送走。

謝灶之後甜品多，女人用之以作湯丸及糖不甩。湯丸的餡，是將片糖切成小塊，然後放於燒滾的薑糖水中。若無餡的湯丸，則淋之以煮溶的麥芽糖，稍加花生蓉，是糖不甩矣。過年的節食，以謝灶日最為簡單。

蒸糕過年

大抵在年廿八或年廿九，為蒸糕的日子，女人的忙碌，不下於開油鑊之日。唯一的分別只是，炸油器時一面炸一面要說吉祥的說話；炸煎堆時說「煎堆碌碌，金銀滿屋」；炸油角時說「油角郁郁、子孫富足」；炸茨菇花時說，「開花結子，千孫百子」諸如此類，蒸糕則沒有這些八卦時文。

年糕與蘿蔔糕乃在必蒸之列，蓋年糕祭神，蘿蔔糕祭祖，各有正常用場也。然而一日的時間只蒸這兩種糕卻未免單調，所以女人就挖空心思，想出一些蒸糕的花樣。

王亭之的祖母，是最拿手蒸桂花糖馬蹄糕。這是因為她最擅長醃製桂花糖的緣故。她的房中有一具紅木大櫃，裏頭放滿沙塞玻璃瓶，至少便有十二、三瓶是桂花糖。王亭之喜吃杏仁茶，每吃，便一定跟祖母討桂花糖，祖母亦必親手用篩將糖篩淨，然後祝曰：「桂花結子」。

桂花糖馬蹄糕的好處在一清字，所以吃時不宜用葷油來煎，兩面微黃中心透熱即可；亦不宜過焦，過焦則桂花香盡失矣。

好看而不好吃的，則是豪華九層糕。蒸九層糕一般只用片糖水溶粉來蒸，豪華一點則於層與層之間加餡。糕五層，餡四層，於是亦成為九層矣。

四層糕餡是：蓮蓉、豆沙、紅棗蓉、青梅醬拌芝麻砂糖。餡料都是自己製，所以便呈黃、黑、赤、青四色，切開來非常之悅目。這種糕，只宜蒸食不宜煎食。吃時灑以炒芝麻，自覺香口。糕要分層來吃，一層糕加一層餡，如是味道才不相混。

除此之外，無非只是豆沙鬆糕，棗泥糖糕之類，總翻不出新樣，而品評女人的手藝，則主要還是看她的蘿蔔糕蒸得如何。

蘿蔔糕忌料雜，只用蝦米、臘肉、潤腸足矣，必須薄切，兩面煎黃，然後始為佳製也。

旗人有喪事則不蒸糕，由親人饋贈；平時若以糕贈人，便等於咒人喪服，是為大忌。

團年飯「四大八小」

於祭祖之時，最隆重的儀式殆為獻供。即於男女依長幼行輩拜祭畢，然後由家長逐樣致獻，先獻酒，然後依次獻箸、獻羹、獻菜、獻醬、獻飯、獻果、獻茶，每獻必雙手捧獻高與眉齊，然後始為合禮。

然而經此一番周章，祭菜已冷；所以吃團年飯的時候，隨祭祖茶外，仍需另備團年菜。無非是燕窩、鮑魚為主菜，蓋當時不甚食翅，「鮑參翅肚」，魚翅僅居魚肚之上，不似今人以魚翅為筵席上品也。

講究的團年飯，四大八小，四大為海菜，如腿蓉燕窩、麻鮑脯、燒海參、燴魚肚之類，八小則無非雞鴨魚肉，不重海鮮，蓋海鮮乃平日家常菜餚，隆重一點的場合即不上桌，除非是炒蝦仁之類，可以列入「八小」。

四大八小之外，另備四鹹碟，例為春不老、火腿、醃蠶豆、鰽白鹹魚，此為下飯的小碟，唯吃團年飯時，鹹碟僅屬應景，王亭之則喜以火腿及醃蠶豆放在燕窩羹中同食，燕窩有了蠶豆，有了一點咬口，風味殊不惡也。

飯後上茶，多為鐵觀音，因為龍井乃春茶已不合時。茶畢，上甜品，必為桂圓、湘蓮、百合、紅棗燉冰花，先以舊果皮煎水，澄清後作水用，遂有果皮桂圓的香味。若不用陳皮水，則宜用桂花糖以代冰花。

糖水吃畢，匆匆散席，蓋各人均趕時間洗澡更衣也。尤其是小孩子，渴望知道父母給自己準備了怎樣的新衣，故都搶先去洗澡。

洗澡的水，用黃皮葉、柚葉、柏葉煎，不用肥皂，以「茶仔粉」溶於水中，自能代替肥皂去汗垢。

各房小孩，均由小孩自己的「乾么」[3]洗搽，這盆洗澡水煎得好不好，亦是乾么的職責。煎得火候恰好，洗浴完畢，端的混身芳香，此香非香水可以代替。

3 大戶人家的孩子，有「乾么」及「濕么」照料。乾么負責安排飲食、衣著、寢具等；濕么負責洗熨等較粗重的工作。

應節的食制

一眨眼，就有急景殘年的感覺。王亭之雖旅居殊鄉異域，然而敬重歲時，所以凡過年過節都依足規矩。

過冬必吃鴨，這是晉代的傳統。晉代崇尚道家，著名的王家謝家都信道，當時道家認為雁與鵝都吸月精，冬至日食之有益，所以便吃鵝過冬了。然而那時的鵝很珍貴，平民老百姓便只有吃鴨，芋頭燜鴨便是過冬的食制。

除夕必吃魚圓。上好鯪魚肉加肥豬肉，細剁，加蝦米、臘肉，放湯灼熟，加灼生菜膽，是除夕團年飯的一味好餸。其妙處在於爽口，當飽吃肥膩之餘，吃點生菜魚圓，有醒胃之功。更何況其名稱吉祥，生菜即是「生財」，魚是「有餘」，圓為「圓滿」。

年初一吃素，可是不妨吃點煎到兩面黃的薄切蘿蔔糕。糕多用黏粉來蒸，硬身，故可以薄切，然後慢火煎到兩面脆，食時蘸點芥辣，這是廣州旗下人的食制，比起土著的蘿蔔糕，蒸得軟，不便煎，好得多。

至於年初二，是為開年，當然要吃白切雞。這也是古代食制，見於《齊民要術》，於今已近千年。只是在圖麟都（多倫多），連走地雞都欠雞味，吃白切雞唯有靠一碟薑蓉，那就不禁令人有點鄉愁。

元宵、湯丸、湯圓

過了元宵已久，卻忽然有人跟王亭之提起：「元宵」與「湯丸」究竟有無分別？這題目不容易答。在從前，不但「元宵」、「湯丸」有分別，此外還有一個「湯圓」，嚴格說來亦有分別。只是時到今日，三個名稱已經混用。

如今只說從前的廣州。

先說「湯丸」，它的特色，是唯用一粒切到四方的片糖做餡，文士者流喜歡踵事增華，乃謂之為「外圓內方」，那是做人的典範。王亭之不喜吃湯丸，是故內外皆方，樹敵不少。這湯丸，一定要用片糖薑水，否則即不夠甜。

至於「湯圓」，是為極品，先搓餡成圓，然後放在粉中滾動，濕的糯米粉有黏性，不斷滾動，餡糰上便黏上一層糯米粉皮。於是皮薄，餡多，食時唯用白水滾熟，用糖水即太甜。

「元宵」則不同，搓糯米粉成糰，再挖洞加餡。它的特色，是餡料多變化，可甜可鹹，因為即使餡料不成糰，是亦無妨。

「元宵」唯於元宵日食，即每年只吃一天；「湯丸」則多家製，用以祭神、拜祖；唯「湯圓」則長年可食。不過如今的「湯圓」亦已機製，所以買回來的「湯圓」，皮已經厚，有些已厚到無恥的地步。

元宵湯丸

元宵本屬「燈節」，但王亭之在記憶中，卻只記得「湯丸」，為食可知。

記得湯丸，是由於目前香港賣的湯丸太不似樣，「寧波湯丸」本來有名，可惜連上海菜館都只賣南貨舖的貨色，無人肯自製，所以行貨到極。

行貨寧波湯丸，以黑芝麻餡者最為香口，較諸豆沙為佳。唯豆沙餡者乃屬古製。

宋人《中饋錄》載「煮沙團方」云：「沙糖入赤豆或菉豆，煮成一團，外以生糯米粉裹作大團，蒸，煮，或滾湯內煮亦可。」以滾湯煮，即是紅豆沙湯丸或綠豆沙湯丸耳。同一製作，蒸熟便是麻糍，湯煮便是湯丸。

王亭之家製的湯丸，亦芝蔴蓉餡，唯當年乃用白芝麻而非黑芝麻。白麻蓉的製法最為簡單，不過以芝麻醬拌砂糖而已。芝麻醬當年以文德路口致美齋所製者為最精，幼滑無沙；今日香港醬料舖所賣的芝麻醬，王亭之懷疑有雜料攙入，非純芝麻磨成，所以較粗糙而且缺乏麻香之味。

芝麻醬拌砂糖看似簡單，亦有少許技巧，必須乾濕適中，乾則易散，濕則如漿，而且衡量乾濕還須以煮熟後為準。

寧波湯丸乃以湯丸餡滾粉而成，所以皮薄。皮薄不是不好，唯少咬口耳。

王亭之家製者，乃掐糯米粉糰成杯形，然後捏麻蓉餡置於其中，再埋口成糰，搓成丸形，故謂之「搓湯丸」也。

搓湯丸的技巧在於粉皮不薄不厚。餡量適中，每顆搓成嬰兒拳大，一碗只裝一丸。湯宜用白水，加生薑一塊煮滾，不必加糖，否則太甜矣。

若有好桂花糖，則用以拌麻醬更佳。若豆沙則宜用玫瑰糖也。

王亭之飲食正經

著者
王亭之

責任編輯
簡詠怡

裝幀設計
羅美齡

排版
辛紅梅

出版者
萬里機構出版有限公司
香港北角英皇道 499 號北角工業大廈 20 樓
電話：2564 7511　傳真：2565 5539
電郵：info@wanlibk.com
網址：http://www.wanlibk.com
http://www.facebook.com/wanlibk

發行者
香港聯合書刊物流有限公司
香港荃灣德士古道 220-248 號荃灣工業中心 16 樓
電話：2150 2100　傳真：2407 3062
電郵：info@suplogistics.com.hk
網址：http://www.suplogistics.com.hk

承印者
中華商務彩色印刷有限公司
香港新界大埔汀麗路 36 號

出版日期
二零二三年四月第一次印刷
二零二四年七月第二次印刷

規格
32 開（210mm x 142mm）

Published in Hong Kong, China.
Printed in China.

ISBN 978-962-14-7460-5